信息技术应用创新系列丛书
新 形 态 融 媒 体 教 材

# WPS 办公软件应用实战教程

丛书主编　姚　明

主　　编　邓　萍　倪政福　陈嘉元

副 主 编　黄素青　余　莎　郭松格　黄蕊治　叶建辉

参　　编　胡立斌　刘　挺　林之玮　王雪花

電子工業出版社·

**Publishing House of Electronics Industry**

北京·BEIJING

# 内 容 简 介

"办公软件"是一门重要的专业技能课程，通过对办公软件的学习，使用户掌握软件的各项功能，并灵活应用于日常工作中的各种办公文档，以提高办公效率。

本书包含三大部分，分别是文字文档篇、电子表格篇、演示文稿篇，共计 27 个实例。每个实例都是一个完整的任务，通过分析、学习和总结，不仅能提升用户的操作能力，还能用于分析和解决问题。通过系统学习，让用户全面了解 WPS 办公软件的各项命令，熟练掌握其核心内容和使用技巧，并能完成日常生活中一些基本的文档排版、数据报表及演示文稿的制作等。

本书可作为中、高职院校计算机相关专业教材使用，也可作为计算机等级考试（一级）培训用书，还可作为职场人士日常办公的学习资料使用。

**图书在版编目（CIP）数据**

WPS 办公软件应用实战教程 / 邓萍，倪政福，陈嘉元主编. —北京：电子工业出版社，2023.7

ISBN 978-7-121-45921-4

Ⅰ. ①W… Ⅱ. ①邓… ②倪… ③陈… Ⅲ. ①办公自动化—应用软件—教材 Ⅳ. ①TP317.1

中国国家版本馆 CIP 数据核字（2023）第 123943 号

责任编辑：关雅莉          特约编辑：徐　震
印　　刷：涿州市京南印刷厂
装　　订：涿州市京南印刷厂
出版发行：电子工业出版社
　　　　　北京市海淀区万寿路 173 信箱　邮编　100036
开　　本：787×1 092　1/16　印张：14.25　字数：364.8 千字
版　　次：2023 年 7 月第 1 版
印　　次：2024 年 2 月第 3 次印刷
定　　价：39.80 元

凡所购买电子工业出版社图书有缺损问题，请向购买书店调换。若书店售缺，请与本社发行部联系，联系及邮购电话：（010）88254888，88258888。

质量投诉请发邮件至 zlts@phei.com.cn，盗版侵权举报请发邮件至 dbqq@phei.com.cn。

本书咨询联系方式：（010）88254247，liyingjie@phei.com.cn。

# 前言 | PREFACE

随着科技的快速发展，计算机已成为现代生活中不可或缺的一部分，熟悉办公软件的操作也成为各行各业从业人员的一项基本技能。党的二十大报告指出，要加快建设国家战略人才力量，努力培养造就更多大师、战略科学家、一流科技领军人才和创新团队、青年科技人才、卓越工程师、大国工匠、高技能人才。本书从实际应用出发，以提升用户对办公软件的操作能力为目标，本着"理论与实践相结合""学校与企业、社会相结合"的原则，采用"任务驱动"的形式引导用户系统地学习办公软件相关知识。

本书包含三大部分，分别是文字文档篇、电子表格篇、演示文稿篇，共计 27 个实例。每个实例都是一个完整的任务，通过分析、学习和总结，不仅能提升用户的操作能力，还能用于分析和解决问题。通过系统学习，让用户全面了解 WPS 办公软件的各项命令，熟练掌握其核心内容和使用技巧，并能完成日常生活中一些基本的文档排版、数据报表及演示文稿的制作等。

本书由福建经济学校的邓萍、倪政福、陈嘉元担任主编，负责全书编写指导、校稿和统稿；由福建经济学校的黄素青、余莎、郭松格、黄蕊治、叶建辉担任副主编，协助主编统稿及编写；参与编写工作的人员还有胡立斌、刘挺、林之玮、王雪花。本书的主编、副主编和参编成员均从事多年"计算机应用基础""办公软件高级应用""Excel 高级应用"等课程的教学工作，有着丰富的教学和实践经验，编写并出版过多本计算机相关书籍。

本书结构合理，内容实用，图文并茂。另外，为方便用户学习，编者还为每个实例和实战模拟配备了视频进行全程细致讲解。

本书可作为中、高职院校计算机相关专业教材使用，也可作为计算机等级考试（一级）培训用书，还可作为职场人士日常办公的学习资料使用。

由于时间有限，虽然编者付出了很大努力，但疏漏和不足之处在所难免，恳请广大读者给予批评指正，以便再版时加以完善。

编　者

# CONTENTS | 目录

## 文字文档篇

## 电子表格篇

# 演示文稿篇

# 文字文档篇

◎ **知识目标**

1. 掌握 WPS 文档设计与制作技巧。
2. 了解日常工作中实用的商务办公文档的制作方法。

◎ **能力目标**

1. 掌握 WPS 软件中文档的页面设置和格式化。
2. 能够对 WPS 软件中文档的图形、图片等进行图文处理。
3. 能够在 WPS 软件的文档中进行表格的创建、编辑和格式化。

◎ **素养目标**

1. 引导学生树立正确的审美观念，陶冶高尚的道德情操。
2. 引导学生遵守职业道德，形成良好的职业素养，弘扬工匠精神。
3. 引导学生自觉践行社会主义核心价值观，培养学生良好的服务意识和市场观念。

# 实例一　制作通知

## 一、实例背景

　　小玲是办公室的一名文员，早上她接到一项任务，需要她马上制作一份关于员工系统培训的通知。接到任务后，小玲按要求确定了通知的内容，接下来她开始对文档进行排版。

## 二、实例分析

　　小玲整理了一下思路，准备从以下几个方面来完成排版任务。
　　（1）设置字体、字号、字体颜色等。
　　（2）设置对齐方式、首行缩进、行距、段间距及添加编号等。
　　（3）预览和打印通知文档。

## 三、制作过程

### 1．打开文档并设置字符格式

　　（1）打开"通知.wps"文档，选中标题文字，设置字体为"宋体"，字号为"二号"，字形为"加粗"，如图 1-1-1 所示。

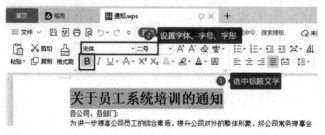

图 1-1-1　设置标题字符格式

　　（2）设置正文字符格式。选中正文文字，设置字体为"仿宋"，字号为"三号"，如图 1-1-2 所示。

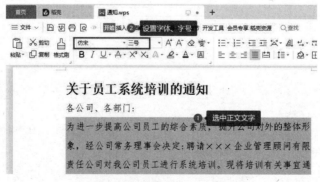

图 1-1-2　设置正文字符格式

**2．设置段落格式**

（1）选中标题文字，单击"段落"组中的"居中对齐"按钮三，将标题文字居中对齐，如图 1-1-3 所示。

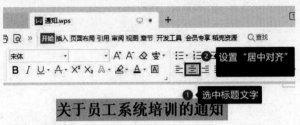

图 1-1-3　设置标题对齐方式

（2）选中文档落款文字，设置对齐方式为"右对齐"，如图 1-1-4 所示。

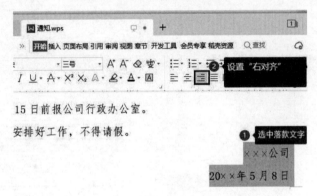

图 1-1-4　设置落款文字对齐方式

（3）选中正文第 1 段，在"开始"选项卡中单击"段落"对话框启动器按钮，打开"段落"对话框，设置特殊格式为"首行缩进"，度量值为"2 字符"，如图 1-1-5 所示。

**>> ● 小提示**

> **对齐方式的组合键（快捷键）**
>
> 左对齐：Ctrl+L；居中对齐：Ctrl+E；右对齐：Ctrl+R。
>
> 两端对齐：Ctrl+J；分散对齐：Ctrl+Shift+J。

**3．设置编号**

（1）选中文本"培训主要内容""培训时间""培训人员""培训地点""培训要求"，设置字形为"加粗"，如图 1-1-6 所示。

（2）单击"段落"组中"编号"按钮右侧的下拉按钮，在弹出的下拉菜单中选择"自定义编号"选项，在打开的"项目符号和编号"对话框中选择"一、二、三、"编号样式，单击"自定义"按钮，如图 1-1-7 所示。在打开的"自定义编号列表"对话框中设置编号位置为"左对齐"，对齐位置为"2 字符"，如图 1-1-8 所示。

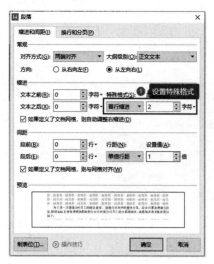

图 1-1-5　设置特殊格式

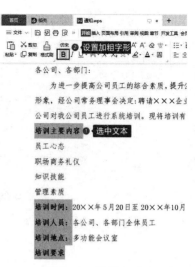

图 1-1-6　设置字形

图 1-1-7　设置编号样式

图 1-1-8　设置编号位置

（3）选中文档"一、培训主要内容"及"五、培训要求"标题下方的文本，设置编号样式为"1. 2. 3. ……"，设置编号位置为"左对齐"，对齐位置为"2 字符"，编号设置完成后的效果如图 1-1-9 所示。

一、培训主要内容

1. 员工心态

2. 职场商务礼仪

3. 知识技能

4. 管理素质

二、培训时间：20××年 5 月 20 日至 20××年 10 月 27 日

三、培训人员：各公司、各部门全体员工

四、培训地点：多功能会议室

五、培训要求

1. 凡公司在册员工必须参加，请各公司、各部门将培训花名册于 5 月 15 日前报公司行政办公室。

2. 请妥善安排好工作，不得请假。

图 1-1-9　编号设置完成后的效果

4. 预览和打印通知文档

（1）单击"文件"菜单，然后选择"打印"子菜单中的"打印预览"选项，在"打印预览"框中查看文档的打印预览效果。

（2）单击"打印"按钮，打开"打印"对话框，在"打印机"选区的"名称"下拉列表中选择要使用的打印机，然后设置"页码范围"及"份数"，打印设置如图 1-1-10 所示。

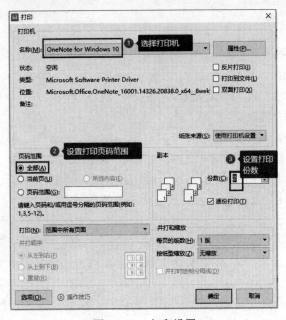

图 1-1-10　打印设置

## 四、实例效果

实例效果如图 1-1-11 所示。

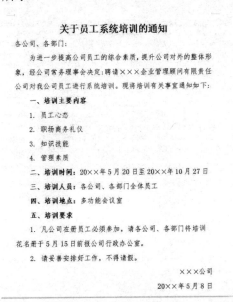

图 1-1-11　实例效果

## 五、实战模拟

跟着小玲学习，大家对通知文档的制作有没有更多的认识呢？下面我们一起来实战模拟练习。

**练习** 制作一份"关于疫苗的科普知识"文档

实战模拟
制作一份"关于疫苗的科普知识"文档

**制作要求：**

（1）纸张大小设置为"大 16 开"，页边距设置为上、下边距"2.2cm"，左边距"2cm"，右边距"3cm"，装订线位置为"左"，装订线宽为"1cm"。

（2）页面背景颜色设置为"培安紫，着色 4，浅色 80%"。

（3）将标题套用"标题 2"样式。

（4）在页脚中间插入页码，页码样式为"I，II，III，……"，起始页为"2"。

（5）设置第一段首字下沉，下沉行数为"2"，距正文"0.2cm"，字体为"楷体"。

（6）将正文第 2 段设置为两栏格式，预设偏左，加分隔线。

（7）为正文第 4 段添加边框，设置线型为"双波浪线"，宽度为"0.75 磅"，添加底纹，图案样式为"10%"。

（8）将正文第 2 段中的文字"麻疹"加粗，加下画线；插入尾注"麻疹：是儿童最常见的急性呼吸道传染病之一，其传染性很强，在人口密集而未普种疫苗的地区易发生流行。"。

（9）给文档添加页眉"科普知识"，并插入页码，页码格式为"1/1"。

最终文档效果如图 1-1-12 所示。

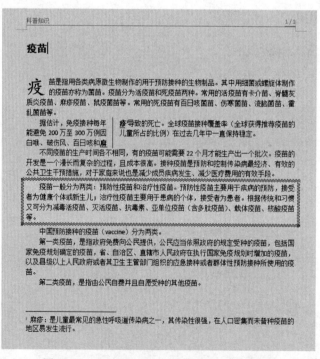

图 1-1-12 "关于疫苗的科普知识"文档效果

实例二　制作会议记录

实例二
制作会议记录

## 一、实例背景

会议记录是开会时由负责记录的人员当场把会议的基本情况和会议上的报告、讨论的问题、发言、决议等内容记录下来的书面材料。

小柯是办公室的一名文员，公司会议内容都由她负责记录并排版。

## 二、实例分析

小柯整理了一下思路，准备从以下几个方面来完成排版任务。

（1）设置字体、字号，添加下画线和着重号等。

（2）设置对齐方式，添加编号等。

（3）设置背景，插入页眉。

## 三、制作过程

### 1. 打开文档并设置字符格式

（1）打开"工作会议记录.docx"文档，选中标题文字，设置字体为"宋体"，字号为"二号"，字形为"加粗"，如图1-2-1所示。

图1-2-1　设置标题字符格式

（2）设置正文字符格式。选中正文文字，设置字体为"微软雅黑"，字号为"五号"，如图1-2-2所示。

（3）选中正文文字"各部门要继续加强……高效运行。"，加"双下画线"和"着重号"，如图1-2-3所示。

### 2. 设置段落格式

（1）选中标题文字，单击"段落"组中的"居中对齐"按钮 三 ，将标题文字居中对齐，如图1-2-4所示。

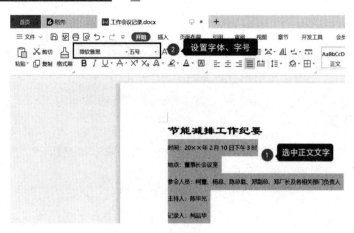

图 1-2-2　设置正文字符格式

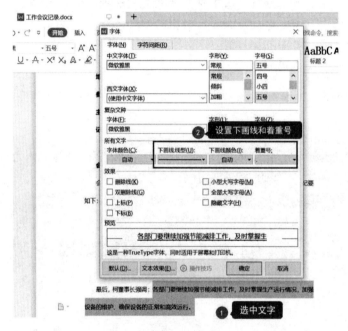

图 1-2-3　设置选中文字格式

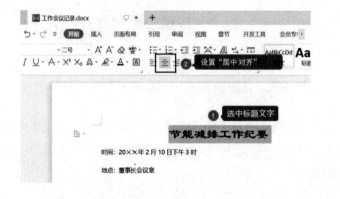

图 1-2-4　设置标题对齐方式

（2）选中文档落款文字，设置对齐方式为"右对齐"，如图 1-2-5 所示。

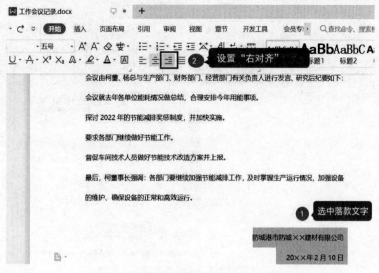

图 1-2-5　设置落款文字对齐方式

（3）选中正文，在"开始"选项卡中单击"段落"对话框启动器按钮，打开"段落"对话框，设置特殊格式为"首行缩进"，度量值为"2 字符"，如图 1-2-6 所示。

图 1-2-6　设置特殊格式

3．设置编号

（1）选中文本"时间""地点""参会人员""主持人""记录人""会议内容"，设置字形为"加粗"，如图 1-2-7 所示。

（2）选中文本"会议就去年……并上报。"，单击"段落"组中"编号"按钮右侧的下拉按钮，在弹出的下拉菜单中选择"自定义编号"选项，在打开的"项目符号和编号"对话框中设置编号样式为"1.2.3.……"，单击"自定义"按钮，在打开的"自定义编号列表"

对话框中设置编号位置为"左对齐",对齐位置为"2 厘米",如图 1-2-8 和图 1-2-9 所示。编号设置完成后的效果如图 1-2-10 所示。

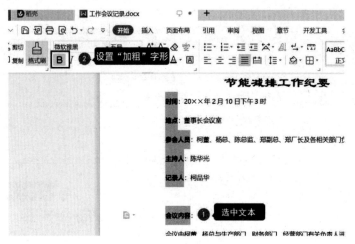

图 1-2-7　设置字形

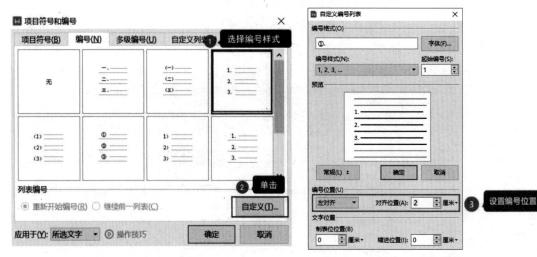

图 1-2-8　设置编号样式　　　　　　　　　图 1-2-9　设置编号位置

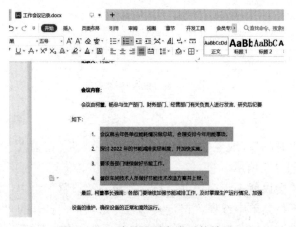

图 1-2-10　编号设置完成后的效果

>>● **小提示**

按住 Ctrl 键可选择多个不连续文本。

按住 Shift 键可选择多个连续文本。

**4. 设置背景和插入页眉**

（1）设置背景。

在"页面布局"选项卡中单击"背景"按钮，设置主题颜色为"矢车菊蓝，着色 1，浅色 80%"，如图 1-2-11 所示。

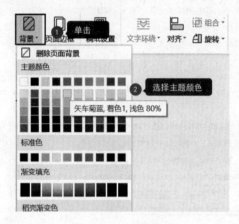

图 1-2-11　设置背景

（2）设置页眉。

① 单击"插入"选项卡中的"页眉页脚"按钮，进入"页眉页脚"选项卡，单击"页眉"按钮，选择"空白页眉"样式，添加页眉。

② 在页眉处输入文字"防城××有限公司"，并设置字符格式为"微软雅黑、五号、加粗"，如图 1-2-12 所示。

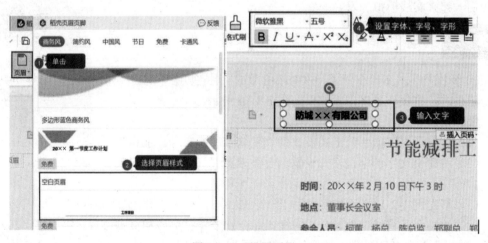

图 1-2-12　设置页眉

## 四、实例效果

实例效果如图 1-2-13 所示。

**防城××有限公司**

# 节能减排工作纪要

**时间：**20××年 2 月 10 日下午 3 时

**地点：**董事长会议室

**参会人员：**柯董、杨总、陈总监、郑副总、郑厂长及各相关部门负责人

**主持人：**陈华光

**记录人：**柯品华

**会议内容：**

会议由柯董、杨总与生产部门、财务部门、经营部门有关负责人进行发言、研究后纪要如下：

1. 会议就去年各单位能耗情况做总结，合理安排今年用能事项。

2. 探讨 20××年的节能减排奖惩制度，并加快实施。

3. 要求各部门继续做好节能工作。

4. 督促车间技术人员做好节能技术改造方案并上报。

最后，柯董事长强调：各部门要继续加强节能减排工作，及时掌握生产运行情况，加强设备的维护，确保设备的正常和高效运行。

防城港市防城××建材有限公司

20××年 2 月 10 日

图 1-2-13　实例效果

## 五、实战模拟

跟着小柯学习，大家对会议记录文档的制作有没有更多的认识呢？下面我们一起来实战模拟练习。

**练 习**　排版"诚信考试"主题班会会议记录文档

实战模拟
排版"诚信考试"主题班会会议记录文档

20 级林业技术 2 班召开了一次"诚信考试"主题班会，现在要求你对这份记录进行排版，最终排版效果如图 1-2-14 所示。

**制作要求：**

（1）将标题文字的字符格式设置为"微软雅黑、二号、加粗"。

（2）将正文文字的字符格式设置为"微软雅黑、四号"，行距为"单倍行距"，设置值为"1 倍"。

（3）根据图 1-2-14，设置编号为"一、二、三、……"和"1.2.3.……"。

（4）绘制两条直线，设置合适的样式并分别放置在页眉和页脚位置。将文字"2021 年12 月 20 日"和"共印 5 份"的字符格式设置为"Arial、三号"。

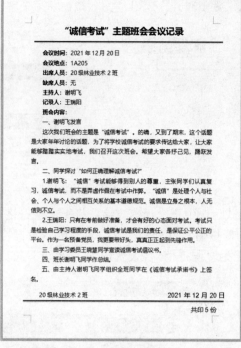

**图 1-2-14  最终排版效果**

## 实例三  制作工作计划

实例三
制作工作计划

### 一、实例背景

机关、团体、企事业单位的各级机构，对一定时期内的工作进行预先部署安排时，都要制订工作计划。小雅是某科技有限公司的行政助理，昨天经理给她分配了一项制订"2022 年行政文员工作计划"的任务。接到任务后，小雅使用 WPS 办公软件制订计划并对文档进行排版。

### 二、实例分析

小雅整理了一下思路，准备从以下几个方面来完成排版任务。

（1）设置字体、字号、字体颜色等。

（2）设置对齐方式、首行缩进、行距、添加项目编号等。

（3）设置边框。

（4）插入页眉和页脚。

### 三、制作过程

**1.设置文章标题格式和正文段落格式**

（1）打开"工作计划.docx"文档，选中标题文字，设置字体为"隶书"，字号为"二号"；单击"段落"组中的"居中对齐"按钮 三 ，将标题文字居中对齐，如图 1-3-1 所示。

图 1-3-1　设置标题格式

（2）设置正文段落格式。选中正文所有文字，将正文字符格式设置为"宋体、小四"；单击"段落"对话框启动器按钮，打开"段落"对话框，设置特殊格式为"首行缩进"，度量值为"2 字符"，行距为"固定值"，设置值为"28 磅"，如图 1-3-2 所示。

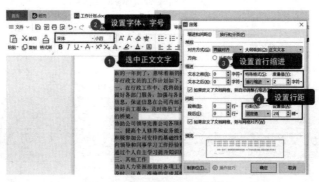

图 1-3-2　设置正文段落格式

**2．设置正文标题行格式**

（1）选中标题"一、在行政工作中，我将做到以下三点""二、在提高个人修养和业务能力方面，我将做到以下三点""三、其他工作"，将其字符格式设置为"宋体、四号、加粗"，如图 1-3-3 所示。

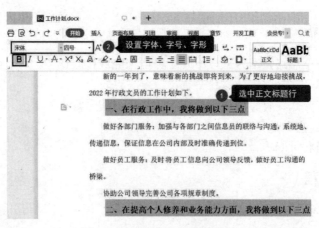

图 1-3-3　设置正文标题行格式

（2）单击"段落"组中"边框"按钮右侧的下拉按钮，在弹出的下拉菜单中选择"边框和底纹"选项，打开"边框和底纹"对话框，在"边框"选项卡中设置边框为"方框"，线型为"实线"，颜色为"自动"，宽度为"0.5 磅"，"应用于"为"文字"，完成后单击"确定"按钮，如图 1-3-4 所示。

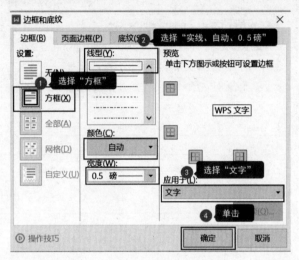

图 1-3-4　设置边框

3．设置项目符号

（1）选中标题"一、在行政工作中，我将做到以下三点"下方的 3 段文字，单击"段落"组中"项目符号"按钮右侧的下拉按钮，在弹出的下拉菜单中选择"自定义项目符号"选项，在打开的"项目符号和编号"对话框中选择需要的项目符号样式，单击"自定义"按钮，在打开的"自定义项目符号列表"对话框中设置项目符号缩进位置为"2 字符"，单击"确定"按钮，如图 1-3-5 所示。

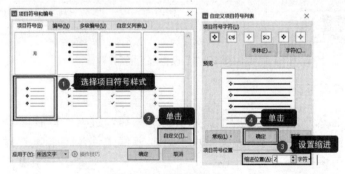

图 1-3-5　设置项目符号

（2）选中标题"二、在提高个人修养和业务能力方面，我将做到以下三点"下方的 3 段文字，为其添加项目符号，步骤同上，效果如图 1-3-6 所示。

（3）选中标题"三、其他工作"下方的 2 段文字，打开"自定义项目符号列表"对话框，单击"字符"按钮，打开"符号"对话框，在"字体"下拉列表中选择"Wingdings"选项，在界面列出的符号中选择需要的符号，单击"插入"按钮后返回"自定义项目符号列表"对话框,在"项目符号位置"选区中设置缩进位置为"2字符",单击"确定"按钮,如图 1-3-7 所示。

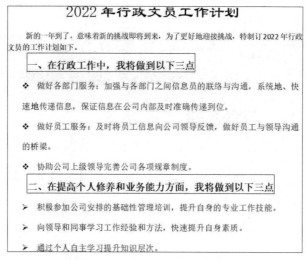

图 1-3-6　添加项目符号后效果

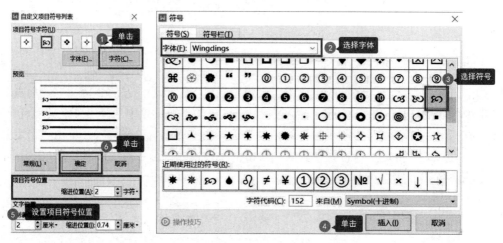

图 1-3-7　设置项目符号

**4. 插入页眉和页脚**

(1)单击"插入"选项卡中的"页眉页脚"按钮,进入"页眉页脚"选项卡,单击"配套组合"按钮,在弹出的下拉菜单中选择"蓝绿流线型商务风"样式,如图 1-3-8 所示。

(2)单击"页眉"按钮,在弹出的下拉菜单中选择"微粒体蓝天白云"样式,如图 1-3-9 所示,在页眉中输入文字"科技有限公司",设置两端对齐。然后选中添加的页眉文字,将其字符格式设置为"楷体、小四号、倾斜",字体颜色设置为"深蓝色"。

(3)单击页脚处的"插入页码"按钮,弹出页码设置界面,选择样式为"第 1 页",位置为"居中",应用范围为"整篇文档",设置完成后单击"确定"按钮,如图 1-3-10 所示。

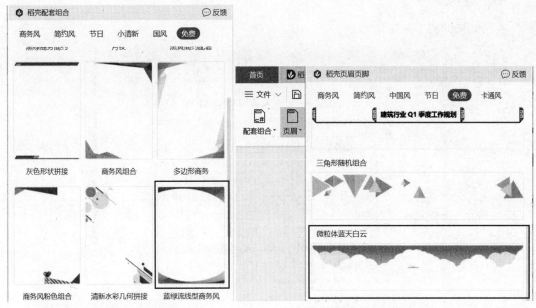

图 1-3-8　选择页眉页脚样式　　　　　　　图 1-3-9　设置页眉

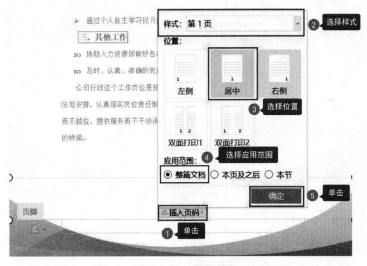

图 1-3-10　设置页脚

>>● 小提示

页眉、页脚中文字的输入和编辑操作与正文部分是一样的。

## 四、实例效果

实例效果如图 1-3-11 所示。

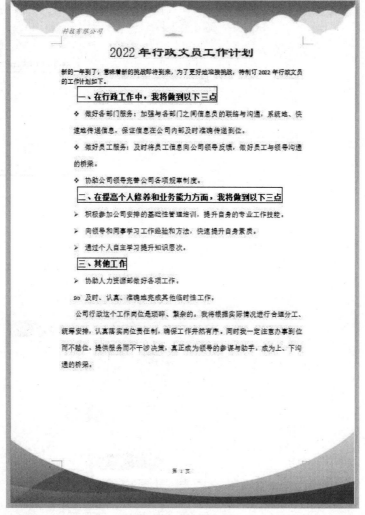

图 1-3-11　实例效果

## 五、实战模拟

跟着小雅学习，大家对工作计划文档的制作有没有更多的认识呢？下面我们一起来实战模拟练习。

**练习**　排版"行政人事部年度工作总结"文档

某公司行政人事部想对 2021 年的工作进行全面系统的分析、研究，从中总结经验，并引以为戒，促进部门各项工作再上新台阶。现请你制作一份行政人事部年度工作总结，排版效果如图 1-3-12 所示。

**实战模拟**
**排版"行政人事部年度工作总结"文档**

**行政人事部年度工作总结**

行政人事部是公司人才开发和管理的核心部门，也是承上启下、联系左右的重要部门。为总结经验，促进部门各项工作再上新台阶，现将2021年度工作总结如下。

**一、人事工作**

1. 绩效考核：行政人事部每月28日组织各分管领导对各部门提交的当月计划完成情况进行评审和评分，再结合"岗位职责履行情况"和"个人素质"两个方面对各部门进行综合评定。

2. 员工培训：由于行政人事部领导更换频繁，本年度未开展员工培训。

**二、行政工作**

1. 行政人事制度汇编和《员工手册》修订

2021年行政人事部根据公司正在执行的制度和虽然执行但没有文字说明的制度，开始进行制度汇编和重新修订《员工手册》，制度汇编已于9月底完成，《员工手册》仍在进一步修改完善中，计划12月15日修改完成，达到印刷条件。

2. 加强考勤管理，规范员工行为

行政人事部在完善"考勤管理制度"的同时，加强了日常劳动纪律检查，严肃劳动纪律。检查各部门、各项目部工作期间劳动纪律情况，并做好记录。

**三、工作中存在的不足**

1. 工作制度和工作流程不尽完善，下一步尽快完善公司各项制度和工作流程，使各项工作有据可依，按流程办事。

2. 工作细心度仍有所欠缺。

3. 工作效率需要进一步提高，积极配合各部门工作。

图 1-3-12  排版效果

**制作要求：**

（1）将标题文字的字符格式设置为"微软雅黑、二号、加粗"。

（2）将正文文字的字符格式设置为"微软雅黑、小四"；段落首行缩进"2 字符"，行距为"固定值"，设置值为"30 磅"。

（3）根据排版效果图设置编号为"一、二、三、……"和"1.2.3.……"。

（4）插入页眉，输入文字"行政人事部年度工作总结"，字符格式设置为"微软雅黑、五号、倾斜"，字体颜色为"深蓝"。

 **实例四　制作员工通讯录**

实例四
制作员工通讯录

## 一、实例背景

某网络信息有限公司刚刚成立，但公司业务已经开始正常运作。今日，老板通过公司邮箱交给人事部门小吴制作一份全体员工通讯录的任务。小吴仔细阅读了邮件中老板对制作通讯录的要求，立即开始构思并准备制作方案。

## 二、实例分析

小吴整理了一下思路，准备从以下几方面来完成制作任务。

（1）关于通讯录，用表格的形式来体现比较适合人们的阅读习惯，简单明了，一目了然。

（2）通讯录的内容要体现出哪些字段？表格的表头一般涉及内容有部门、姓名、性别、联系电话、QQ、邮箱等，所以，首先要收集员工的相关信息。

（3）录入员工个人信息后，设置相关字段的文字格式、对齐方式，修饰表格的边框和底纹，合并单元格等，实现表格的美化。

图 1-4-1 "插入表格"对话框

## 三、制作过程

### 1. 插入表格

（1）新建空白文字文档，单击"插入"选项卡→"表格"→"插入表格"选项，打开"插入表格"对话框，如图 1-4-1 所示，插入 10 行 8 列表格。

（2）选中表格第一行，单击"表格工具"选项卡→"合并单元格"按钮，如图 1-4-2 所示。输入文字"××网络信息有限公司员工通讯录"，设置字符格式为"宋体、四号、加粗"，对齐方式为"居中对齐"，如图 1-4-3 所示。

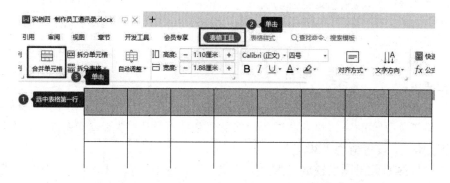

图 1-4-2 合并单元格

图 1-4-3 设置字符格式

（3）在表格中输入通讯录信息，如图1-4-4所示。

| ××网络信息有限公司员工通讯录 | | | | | | | |
|---|---|---|---|---|---|---|---|
| 部门 | 职务 | 姓名 | 性别 | 电话 | QQ | 邮箱 | 备注 |
| 总经理室 | 总经理 | 程丽 | 女 | 83160120 | 1234561 | **eng11@163.com | |
| 销售部 | 销售主管 | 林红 | 女 | 83160122 | 1234562 | **nhong@163.com | |
| 销售部 | 销售专员 | 张建军 | 男 | 83160123 | 1234563 | **j1988@163.com | |
| 技术部 | 设计专员 | 杨贤 | 男 | 83160123 | 1234564 | **1982@163.com | |
| 技术部 | 技术专员 | 韩宁静 | 女 | 83160123 | 1234565 | **j666@163.com | |
| 行政部 | 行政专员 | 孙彬彬 | 男 | 83160121 | 1234566 | **nbb@163.com | |
| 策划部 | 策划专员 | 徐建川 | 男 | 83160128 | 1234567 | **c1989@163.com | |
| 后勤部 | 后勤专员 | 林晓担 | 男 | 83160129 | 1234568 | **d1995@163.com | |

图1-4-4　输入通讯录信息

### 2. 表格属性设置

（1）选中整个表格，单击"表格工具"选项卡→"自动调整"→"适应窗口大小"选项，如图1-4-5所示。

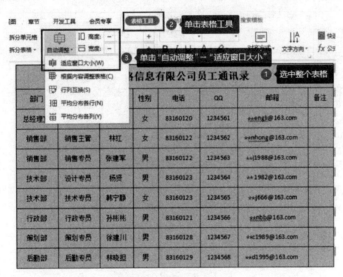

图1-4-5　调整表格窗口大小

（2）设置第2～10行字符格式为"宋体、小五号"，表格中的单元格对齐方式为"中部居中"，如图1-4-6所示。

### 3. 修饰表格

（1）选中表格，单击"表格样式"选项卡，选择"表格预设样式"→"中色系"→"中度样式1-强调5"选项，如图1-4-7所示。

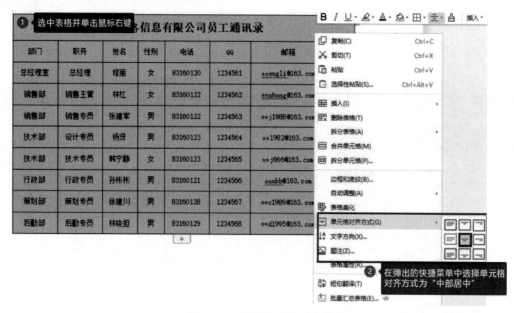

图 1-4-6 设置单元格对齐方式

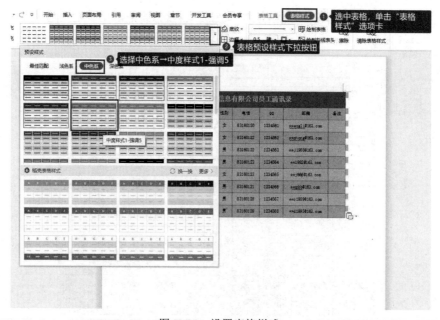

图 1-4-7 设置表格样式

>> ● 小提示

**表格样式**

若对设置的"表格样式"不满意，可单击"表格样式"→"清除表格样式"按钮来清除其样式格式。

（2）将"部门"列第 3、4 单元格"销售部"合并，第 5、6 单元格"技术部"合并，删除合并单元格后重复的文本内容，如图 1-4-8 所示。

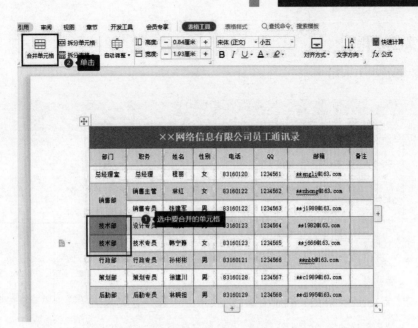

图 1-4-8　合并单元格

（3）选中标题行，修改标题行底纹颜色为"矢车菊蓝，着色 1，浅色 60%"，如图 1-4-9 所示。

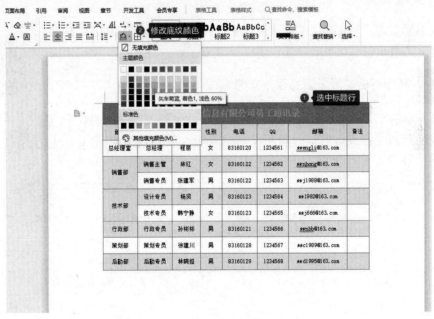

图 1-4-9　修改标题行底纹颜色

## 4．保存文档

将文档命名为"通讯录.docx"，保存在"D:\"目录下。

### 四、实例效果

实例效果如图 1-4-10 所示。

| ××网络信息有限公司员工通讯录 | | | | | | | |
|---|---|---|---|---|---|---|---|
| 部门 | 职务 | 姓名 | 性别 | 电话 | QQ | 邮箱 | 备注 |
| 总经理室 | 总经理 | 程丽 | 女 | 83160120 | 1234561 | **engli@163.com | |
| 销售部 | 销售主管 | 林红 | 女 | 83160122 | 1234562 | **nhong@163.com | |
| | 销售专员 | 张建军 | 男 | 83160122 | 1234563 | **j1988@163.com | |
| 技术部 | 设计专员 | 杨贤 | 男 | 83160123 | 1234564 | **1982@163.com | |
| | 技术专员 | 韩宁静 | 女 | 83160123 | 1234565 | **j666@163.com | |
| 行政部 | 行政专员 | 孙彬彬 | 男 | 83160121 | 1234566 | **nbb@163.com | |
| 策划部 | 策划专员 | 徐建川 | 男 | 83160128 | 1234567 | **c1989@163.com | |
| 后勤部 | 后勤专员 | 林晓担 | 男 | 83160129 | 1234568 | **d1995@163.com | |

图 1-4-10　实例效果

### 五、实战模拟

跟着小吴学习，大家对员工通讯录的制作有没有更多的认识呢？下面我们一起来实战模拟练习。

实战模拟
制作一份"班级
信息表"文档

| **练 习** | 制作一份"班级信息表"文档 |

制作同学的个人信息表，有利于老师对班级的管理及同学间的联系。今天，我们帮班主任设计完成一份班级信息表吧，制作效果如图 1-4-11 所示。

| 班级信息表 | | | | | | | | | |
|---|---|---|---|---|---|---|---|---|---|
| 座号 | 姓名 | 性别 | 民族 | 电话 | 籍贯 | 家长姓名 | 入学时间 | 学习形式 | 学制 |
| 1 | 张* | 男 | 汉族 | 8888130 | 福州 | 张大 | 2021.09 | 全日制 | 三年 |
| 2 | 高* | 女 | 汉族 | 8888131 | 福州 | 高二 | 2021.09 | 全日制 | 三年 |
| 3 | 洪** | 男 | 汉族 | 8888132 | 重庆 | 洪三 | 2021.09 | 全日制 | 三年 |
| 4 | 周** | 男 | 汉族 | 8888133 | 宁德 | 周四 | 2021.09 | 全日制 | 三年 |
| 5 | 陈* | 男 | 汉族 | 8888134 | 三明 | 陈五 | 2021.09 | 全日制 | 三年 |
| 6 | 王* | 女 | 畲族 | 8888135 | 莆田 | 王六 | 2021.09 | 全日制 | 三年 |
| 7 | 郑** | 女 | 汉族 | 8888136 | 三明 | 郑七 | 2021.09 | 全日制 | 三年 |

图 1-4-11　制作效果

制作要求：

（1）打开班级信息表素材，将文字转换为"8 行 10 列"的表格。设置页面布局：纸张方向为"横向";上、下页边距为"2.4 cm",左、右页边距为"2.2 cm"。

（2）表格居中对齐,设置表格行高为"1cm",列宽为"2.3cm"。

（3）选中表格表头行（座号、姓名……学制),字符格式设置为"黑体、小四"。选中表格第 2~8 行,字符格式设置为"仿宋、五号"。

（4）在表格上方插入一行,合并成一个单元格,输入标题"班级信息表",设置字符格式为"黑体、二号、加粗",标题底纹颜色为"灰色-25%,背景 2,深色 10%",表格内单元格对齐方式为"水平居中"。

（5）设置表格外边框为"双实线、浅蓝、0.75 磅",内边框为"虚线、浅蓝、0.5 磅"。

（6）保存文档。

 ## 实例五　制作市场调查报告

实例五
制作市场调查报告

### 一、实例背景

小张准备开个养鸡场,在展开这个项目之前,他对市场进行了相关调查。初步调查完成后,开始撰写市场调查报告。

### 二、实例分析

市场调查报告是在对目标市场了解、分析的基础上制作出来的。

市场调查报告的主要内容有:

（1）调查目的。

（2）背景资料。

（3）分析方法。

（4）调研数据的分析。

（5）提出观点。

（6）提出建议及方案。

（7）预测风险。

制作市场调查报告的主要设置有:

（1）文字编排。

（2）设置大纲级别。

（3）修订、批注的使用。

### 三、制作过程

1. 打开素材文档并设置标题字符格式

（1）打开"市场调查报告素材.docx"文档,选中标题文字,设置字符格式为"宋体、二号、加粗",如图 1-5-1 所示。

（2）设置小标题字符格式。选中正文中的"一、基本情况""二、困难和问题""三、对策与建议"小标题,设置字符格式为"仿宋、四号、加粗",如图 1-5-2 所示。

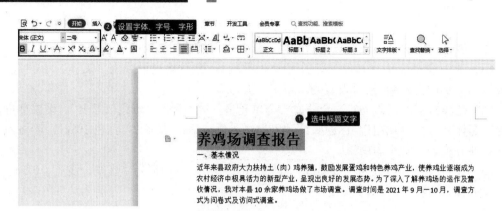

图 1-5-1　设置标题字符格式

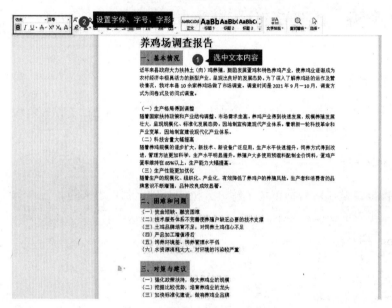

图 1-5-2　设置小标题字符格式

**2. 设置段落格式**

（1）选中标题文字，单击"开始"选项卡，然后单击"段落"组中的"居中对齐"按钮 ，将标题文字居中对齐，如图 1-5-3 所示。

图 1-5-3　设置标题对齐方式

（2）选中其余正文文本，在"开始"选项卡中单击"段落"对话框启动器按钮，打开"段落"对话框，在"特殊格式"下拉列表中设置格式为"首行缩进"，度量值为"2 字符"，设置行距为"固定值"，设置值为"16 磅"，如图 1-5-4 所示。

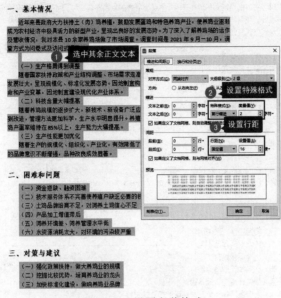

图 1-5-4　设置段落格式

>> ● 小提示

**选择不连续的文本**

　　在 WPS 中，连续的文本可以按住 Shift 键来选择，不连续的文本可以按住 Ctrl 键来选择。

3. 设置大纲级别

（1）选中正文"一、基本情况""二、困难和问题""三、对策与建议"，打开"段落"对话框，修改大纲级别为"1 级"；选中编号含"（一）（二）（三）"的文本行，修改大纲级别为"2 级"，如图 1-5-5 所示。

（2）单击"视图"选项卡中的"大纲"按钮，可看到修改大纲级别后产生的效果，如图 1-5-6 所示。若要返回页面视图，单击"关闭"按钮即可。

4. 修订和批注

（1）选中文本"90%"，单击"审阅"选项卡→"修订"按钮，直接输入要修订的内容"85%"，实际修订效果如图 1-5-7 所示。

（2）选中文本"（六）水资源消耗太大，对环境的污染较严重"，单击"审阅"选项卡→"插入批注"按钮，然后在文档右侧的批注位置输入要注释的内容"重点关注解决环境污染问题"，批注效果如图 1-5-8 所示。

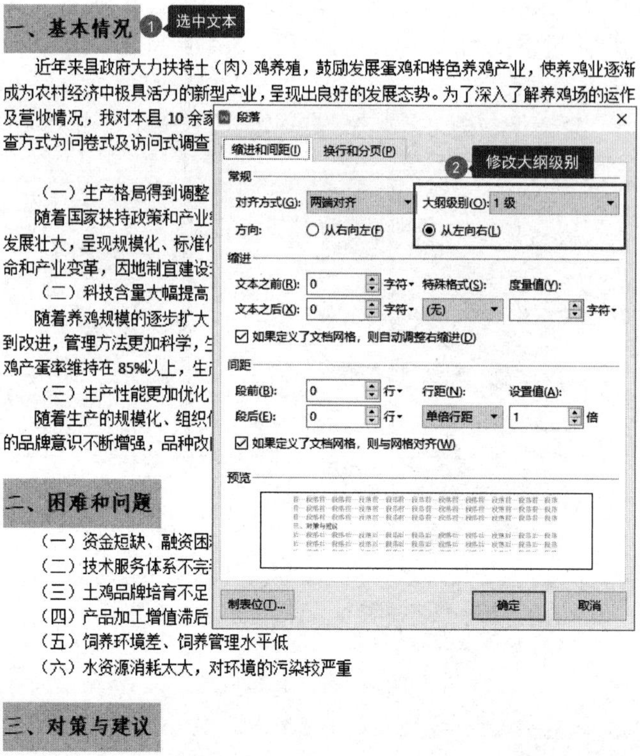

一、基本情况　　①选中文本

近年来县政府大力扶持土（肉）鸡养殖，鼓励发展蛋鸡和特色养鸡产业，使养鸡业逐渐成为农村经济中极具活力的新型产业，呈现出良好的发展态势。为了深入了解养鸡场的运作及营收情况，我对本县 10 余家

查方式为问卷式及访问式调查

（一）生产格局得到调整

随着国家扶持政策和产业结构调整发展壮大，呈现规模化、标准化命和产业变革，因地制宜建设。

（二）科技含量大幅提高

随着养鸡规模的逐步扩大，新到改进，管理方法更加科学，生鸡产蛋率维持在 85% 以上，生产

（三）生产性能更加优化

随着生产的规模化、组织化的品牌意识不断增强，品种改良

**②修改大纲级别**

段落　　　　　　　　　　　　　　　　×

缩进和间距(I)　　换行和分页(P)

常规

对齐方式(G)：两端对齐　　大纲级别(O)：1级

方向：　○从右向左(F)　　●从左向右(L)

缩进

文本之前(R)：0　　字符　特殊格式(S)：　度量值(Y)：

文本之后(X)：0　　字符　（无）　　字符

☑ 如果定义了文档网格，则自动调整右缩进(D)

间距

段前(B)：0　　行　　行距(N)：　　设置值(A)：

段后(E)：0　　行　　单倍行距　　1　　倍

☑ 如果定义了文档网格，则与网格对齐(W)

预览

制表位(T)...　　　　　　　确定　　取消

二、困难和问题

（一）资金短缺、融资困

（二）技术服务体系不完

（三）土鸡品牌培育不足

（四）产品加工增值滞后

（五）饲养环境差、饲养管理水平低

（六）水资源消耗太大，对环境的污染较严重

三、对策与建议

图 1-5-5　修改大纲级别

图 1-5-6　大纲视图

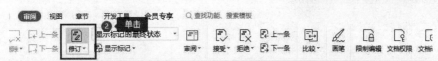

需求走高。呈现规模化、标准化发展态势。因地制宜构建现代产业体系。着眼新一轮科技革命和产业变革，因地制宜建设现代化产业体系。

（二）科技含量大幅提高

随着养鸡规模的逐步扩大，新技术、新设备广泛应用，生产水平快速提升。饲养方式得到改进，管理方法更加科学，生产水平明显提升。养殖户大多使用预混料配制全价饲料，蛋鸡产蛋率维持在90%以上，生产能力大幅提高。

（三）生产性能更加优化

需求走高。呈现规模化、标准化发展态势。因地制宜构建现代产业体系。着眼新一轮科技革命和产业变革，因地制宜建设现代化产业体系。

（二）科技含量大幅提高

随着养鸡规模的逐步扩大，新技术、新设备广泛应用，生产水平快速提升。饲养方式得到改进，管理方法更加科学，生产水平明显提升。养殖户大多使用预混料配制全价饲料，蛋鸡产蛋率维持在85%以上，生产能力大幅提高。

（三）生产性能更加优化

随着生产的规模化、组织化、产业化，有效降低了养鸡户的养殖风险。生产者和消费者的品牌意识不断增强，品种改良成效显著。

图 1-5-7　修订效果

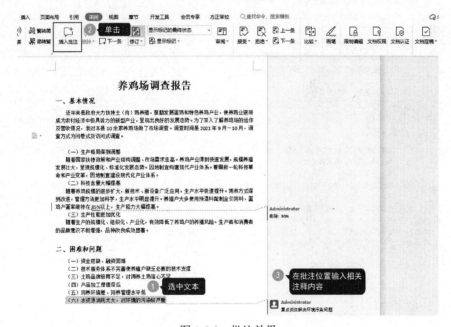

图 1-5-8　批注效果

## >> ● 小提示

### 修订和批注的区别

① 修订是一种模式，批注是一种补充说明。

② 批注不会集成到文本中，修订是文档的一部分。

③ 批注只是对编辑提出建议，修订可以整合多次编辑。

## 四、实例效果

实例效果如图 1-5-9 所示。

### 养鸡场调查报告

#### 一、基本情况

近年来县政府大力扶持土（肉）鸡养殖，鼓励发展蛋鸡和特色养鸡产业，使养鸡业逐渐成为农村经济中极具活力的新型产业，呈现出良好的发展态势。为了深入了解养鸡场的运作及营收情况，我对本县 10 余家养鸡场做了市场调查。调查时间是 2021 年 9 月—10 月，调查方式为问卷式及访问式调查。

（一）生产格局得到调整
随着国家扶持政策和产业结构调整、市场需求走高，养鸡产业得到快速发展，规模养殖发展壮大，呈现规模化、标准化发展态势。因地制宜构建现代产业体系。着眼新一轮科技革命和产业变革，因地制宜建设现代化产业体系。

（二）科技含量大幅提高
随着养鸡规模的逐步扩大，新技术、新设备广泛应用，生产水平快速提升，饲养方式得到改进，管理方法更加科学，生产水平明显提升。养殖户大多使用预混料配制全价饲料，蛋鸡产蛋率维持在 85%以上，生产能力大幅提高。

（三）生产性能更加优化
随着生产的规模化、组织化、产业化，有效降低了养鸡户的养殖风险。生产者和消费者的品牌意识不断增强，品种改良成效显著。

> Administrator
> 删除：90%

#### 二、困难和问题

（一）资金短缺、融资困难
（二）技术服务体系不完善使养殖户缺乏必要的技术支撑
（三）土鸡品牌培育不足，对饲养土鸡信心不足
（四）产品加工增值滞后
（五）饲养环境差、饲养管理水平低
（六）水资源消耗太大，对环境的污染较严重

> Administrator
> 重点关注解决环境污染问题

#### 三、对策与建议

（一）强化政策扶持，做大养鸡业的规模
（二）挖掘比较优势，培育养鸡业的龙头
（三）加快标准化建设，做响养鸡业品牌
（四）做好疫病防治，增强养鸡业的御险能力

结语：发展养鸡行业，水资源的消耗是一个十分重要的问题，而黄河的覆盖使这一问题得到了很好的解决。另一方面，养鸡行业带来的环境污染不容小觑，以循环经济、绿色发展等理念为导引的产业发展重构势在必行，要从产业绿色升级、产业布局优化、产业节约资源等多角度入手，实现产业发展与生态保护双赢。

图 1-5-9　实例效果

## 五、实战模拟

跟着小张学习，大家了解调查报告的制作方法了吗？下面我们一起来实战模拟练习。

**练 习**　制作一份"大学生手机市场调查报告"文档

某品牌手机制造商近期准备设计一款面向大学生的手机，假设你已经完成了前期的市场调研工作，请你以此为前提制作一份大学生手机市场调查报告，制作效果如图 1-5-10 所示。

**制作要求：**

（1）打开实例五的素材文档，把文档命名为"大学生手机市场调查报告.docx"，保存在"D:\"目录中。

实战模拟
制作一份"大学生手机市场调查报告"文档

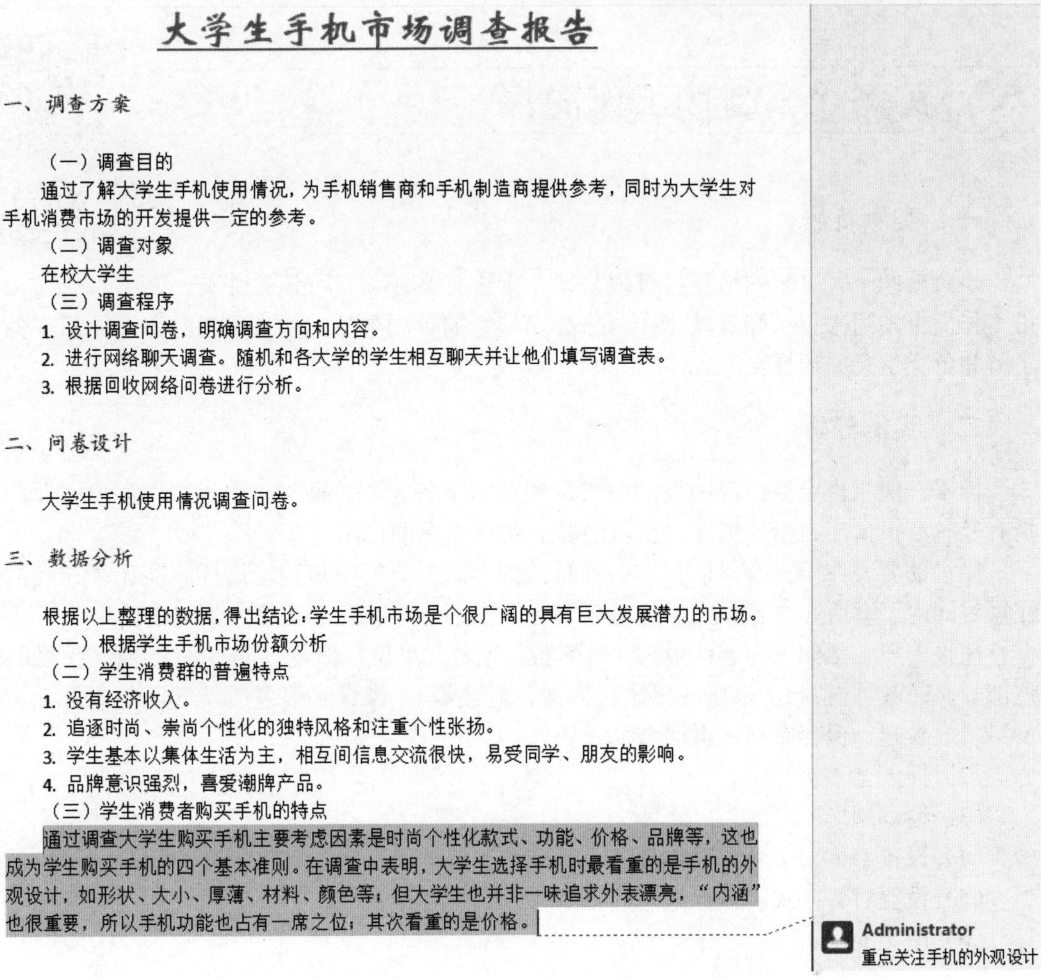

# 大学生手机市场调查报告

### 一、调查方案

**（一）调查目的**
通过了解大学生手机使用情况，为手机销售商和手机制造商提供参考，同时为大学生对手机消费市场的开发提供一定的参考。
**（二）调查对象**
在校大学生
**（三）调查程序**
1. 设计调查问卷，明确调查方向和内容。
2. 进行网络聊天调查。随机和各大学的学生相互聊天并让他们填写调查表。
3. 根据回收网络问卷进行分析。

### 二、问卷设计

大学生手机使用情况调查问卷。

### 三、数据分析

根据以上整理的数据，得出结论：学生手机市场是个很广阔的具有巨大发展潜力的市场。
（一）根据学生手机市场份额分析
（二）学生消费群的普遍特点
1. 没有经济收入。
2. 追逐时尚、崇尚个性化的独特风格和注重个性张扬。
3. 学生基本以集体生活为主，相互间信息交流很快，易受同学、朋友的影响。
4. 品牌意识强烈，喜爱潮牌产品。
（三）学生消费者购买手机的特点
通过调查大学生购买手机主要考虑因素是时尚个性化款式、功能、价格、品牌等，这也成为学生购买手机的四个基本准则。在调查中表明，大学生选择手机时最看重的是手机的外观设计，如形状、大小、厚薄、材料、颜色等；但大学生也并非一味追求外表漂亮，"内涵"也很重要，所以手机功能也占有一席之位；其次看重的是价格。

**Administrator**
重点关注手机的外观设计

图 1-5-10　制作效果

（2）选中标题文字"大学生手机市场调查报告"，字符格式设置为"华文新魏、二号、加粗"，字体颜色设置为"浅蓝色"，为标题添加"下画线"，对齐方式设置为"居中对齐"。

（3）选中文本"一、调查方案""二、问卷设计""三、数据分析"，字符格式设置为"华文楷体、小四"，字体颜色设置为"红色"；设置段前段后间距为"0.5 行"，大纲级别为"1 级"。

（4）选中剩余正文文本，设置段落格式为"首行缩进，2 字符"，行距为"固定值，15 磅"。选择编号含"（一）（二）（三）"的文本行，大纲级别设置为"2 级"；选择编号含"1.2.3.4."的文本行，大纲级别设置为"3 级"。设置完后可打开大纲视图查看效果。

（5）选中最后一段并添加批注，批注内容为"重点关注手机的外观设计"。

（6）为最后一行日期添加超链接，链接到"本文档中的位置"→"文档顶端"。

## >> ● 小提示

### 超链接的使用
给文档添加超链接后，按住 Ctrl 键并单击超链接，即可实现跳转。

## 实例六　制作工作简报

实例六
制作工作简报

### 一、实例背景

小余就职于×××网络科技有限公司，领导安排她每个月都要制作一份工作简报，用来记录和反映一个月来公司展开的各项事务，促进员工对公司内部事务的了解和各类信息的传播交流。

### 二、实例分析

简报一般指由企业内部编发的用来反映公司事务的书面报道。作为工作汇报文件，简报有及时汇报情况、指导工作、交流经验、传播信息的作用。

简报的要义在于一个"简"字，简报的内容就是要简明扼要，这样才能让领导或员工在短时间内了解所有内容。文字完成后要对简报进行排版，令其美观、易读。

简报一般包括如下内容：报头（含名称、期数、单位、编发日期等），报身（简报的主体部分，即具体内容），报尾（报送、抄送、份数等）。操作流程包括以下几个方面。

（1）新建、保存文档，页面布局设置。

（2）插入艺术字。

（3）绘制图形。

（4）设置字体、字号、字体颜色。

（5）设置对齐方式、首行缩进、行距、段间距等。

（6）图文混排。

### 三、制作过程

1. 设置简报页面

新建空白文字，如图 1-6-1 所示。设置页面纸张大小为"A4"，纸张方向为"纵向"，设置上、下页边距为"2.4cm"，左、右页边距为"2cm"。

图 1-6-1　新建空白文字

## 2. 插入艺术字

（1）单击"插入"选项卡→"艺术字"按钮，选择艺术字样式为"填充-白色，轮廓-着色5，阴影"，输入艺术字内容"×××网络科技有限公司"，如图1-6-2所示。

图1-6-2　插入艺术字

（2）单击"文本工具"选项卡，修改艺术字字体为"楷体"，字号为"二号"，设置文本填充、文本轮廓为"红色"，选择"文本效果"下拉菜单中的"阴影"→"向右偏移"选项。单击"绘图工具"选项卡→"对齐"→"水平居中"选项，如图1-6-3和图1-6-4所示。

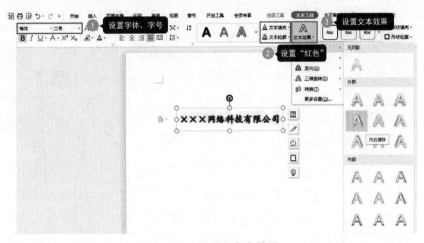

图1-6-3　设置艺术字效果

>> ● 小提示

### 艺术字的对齐方式

艺术字并不是插入一段文字，在WPS中艺术字是作为图片插入文档中的，"开始"选项卡中的"居中对齐"按钮对艺术字无效，所以在设置艺术字相对文档页面水平居中时，需要在"艺术字"的"绘图工具"选项卡中选择对齐方式。

图 1-6-4　设置艺术字对齐方式

3．编辑报头

（1）输入如图 1-6-5 所示的报头内容，并修改字体为"楷体"，字号为"五号"。

图 1-6-5　设置报头格式

（2）单击"插入"选项卡，然后单击"形状"→"直线"选项，如图 1-6-6 所示。

（3）在如图 1-6-7 所示位置上绘制一条直线，并设置其轮廓为"红色"，形状宽度为"14.00 厘米"，对齐方式为"水平居中"。

>> ● 小提示

绘制直线

绘制直线时按住 Shift 键，可以绘制出水平直线。

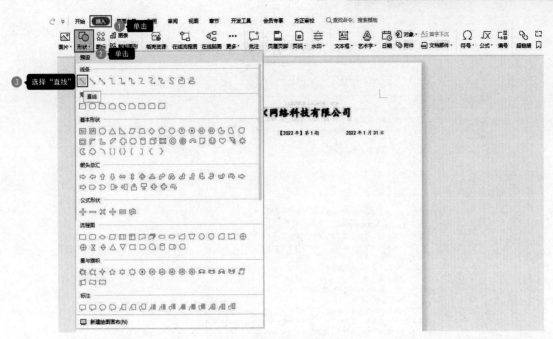

图 1-6-6　插入直线

图 1-6-7　设置直线格式

4. 编辑报身

（1）输入如图 1-6-8 所示的报身内容，复制直线形状，移动到报身下方位置，设置对齐方式为"水平居中"。

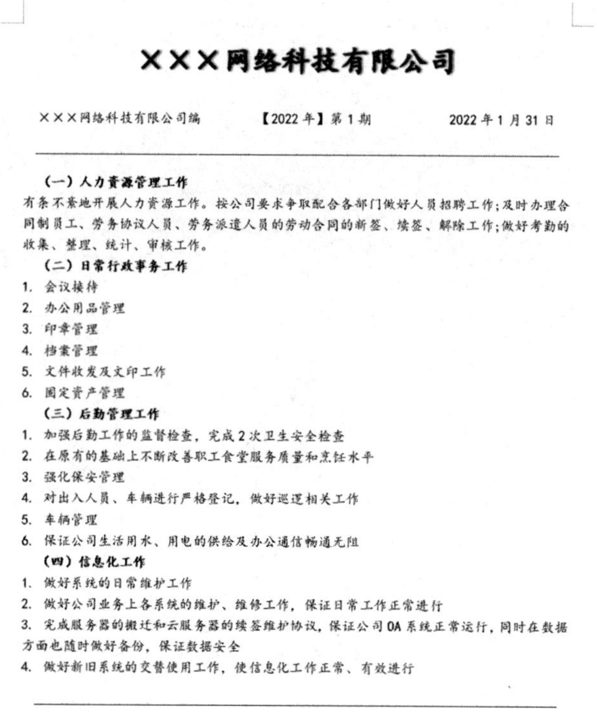

## ×××网络科技有限公司

×××网络科技有限公司编　　【2022 年】第 1 期　　2022 年 1 月 31 日

**（一）人力资源管理工作**

有条不紊地开展人力资源工作。按公司要求争取配合各部门做好人员招聘工作；及时办理合同制员工、劳务协议人员、劳务派遣人员的劳动合同的新签、续签、解除工作；做好考勤的收集、整理、统计、审核工作。

**（二）日常行政事务工作**

1. 会议接待
2. 办公用品管理
3. 印章管理
4. 档案管理
5. 文件收发及文印工作
6. 固定资产管理

**（三）后勤管理工作**

1. 加强后勤工作的监督检查，完成 2 次卫生安全检查
2. 在原有的基础上不断改善职工食堂服务质量和烹饪水平
3. 强化保安管理
4. 对出入人员、车辆进行严格登记，做好巡逻相关工作
5. 车辆管理
6. 保证公司生活用水、用电的供给及办公通信畅通无阻

**（四）信息化工作**

1. 做好系统的日常维护工作
2. 做好公司业务上各系统的维护、维修工作，保证日常工作正常进行
3. 完成服务器的搬迁和云服务器的续签维护协议，保证公司 OA 系统正常运行，同时在数据方面也随时做好备份，保证数据安全
4. 做好新旧系统的交替使用工作，使信息化工作正常、有效进行

图 1-6-8　输入报身内容

（2）按住 Ctrl 键并选中文本"（一）人力资源管理工作、（二）日常行政事务工作、（三）后勤管理工作、（四）信息化工作"，设置字体为"楷体"，字号为"五号"，字形为"加粗"，如图 1-6-9 所示。

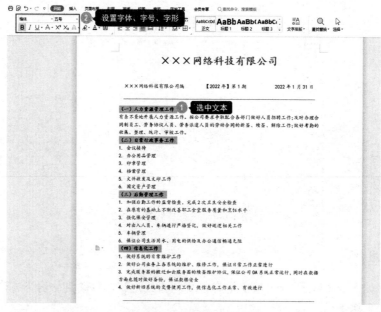

图 1-6-9　设置报身字符格式

（3）选中余下的正文文本，设置字体为"楷体"，字号为"五号"，如图 1-6-10 所示。

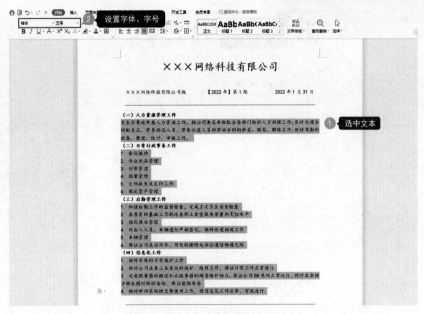

图 1-6-10　设置报身字符格式

（4）选中所有正文内容后右击，在弹出的快捷菜单中选择"段落"选项，打开"段落"对话框后设置段落格式，如图 1-6-11 所示。

图 1-6-11　设置段落格式

5. 编辑报尾

输入报尾内容并选中，设置字体为"楷体"，字号为"五号"，对齐方式为"左对齐"，如图 1-6-12 所示。

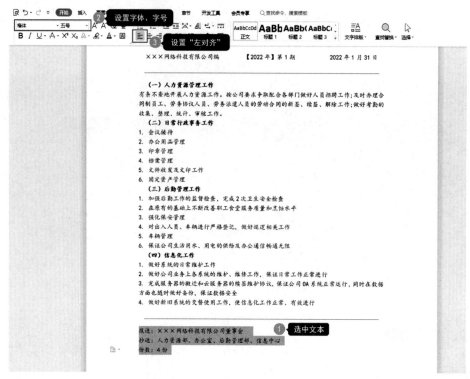

图 1-6-12　设置报尾格式

## 6. 图文混排

（1）插入公司 Logo 图片。设置图片形状高度为"1.60 厘米"，并锁定纵横比，设置环绕方式为"四周型环绕"，如图 1-6-13 所示。

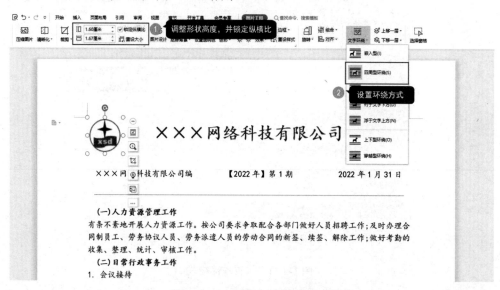

图 1-6-13　设置 Logo 图片格式

（2）右击图片并在弹出的快捷菜单中选择"其他布局选项"选项，打开"布局"对话框，在"位置"选项卡中设置水平对齐方式为"左对齐"，相对于"页边距"；垂直对齐方式为"顶端对齐"，相对于"页边距"，如图 1-6-14 所示。

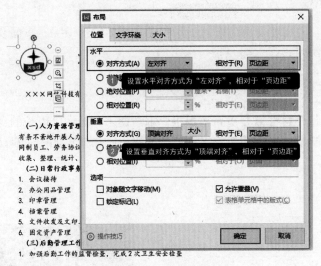

图 1-6-14　设置图片布局

## 四、实例效果

实例效果如图 1-6-15 所示。

图 1-6-15　实例效果

## 五、实战模拟

跟着小余学习，大家对公司简报的制作有没有更多的认识呢？下面我们一起来实战模拟练习。

**练习** 制作一份"班级黑板报简报评选"文档

**实战模拟**
**制作一份"班级**
**黑板报简报评**
**选"文档**

学校每个班级每个月都需要更新黑板报，本学期末，请你以班长的身份，制作班级这个学期以来每期黑板报的评选简报，制作效果如图 1-6-16 所示。

图 1-6-16 制作效果

**制作要求：**

（1）打开素材文件，设置页面布局。设置上、下页边距为"2.4 cm"，左、右页边距为"2.2 cm"，纸张方向为"纵向"。

（2）插入艺术字"××班级黑板报评选"，设置艺术字样式为"渐变填充-金色，轮廓-着色 4"，字符格式为"微软雅黑，一号，加粗"。

（3）选中报头文字"××班级""【2021】年第一期""2021 年 12 月 28 日"，字体颜色修改为"浅绿色"。

（4）报头下方插入直线，设置长度为"15 厘米"，颜色为"中等线-强调颜色 1"，设置对齐方式为"水平居中"。

（5）正文第 1 段内容字符格式设置为"新宋体、四号"，字体颜色为"蓝色"，添加"下画线"，设置段落特殊格式为"首行缩进"，度量值为"2 字符"，行距为"1.5 倍行距"。

（6）选中文本"最佳设计""最佳内容""最受欢迎"，设置字符格式为"方正粗黑宋简体、四号"，字体颜色为"红色"，分别设置首字下沉，下沉行数为"1 行"。

（7）插入图片，分别选出自己认为的最佳设计、最佳内容和最受欢迎的黑板报图片，设置图片环绕方式为"四周型环绕"。

（8）保存文档。

## 实例七　制作招聘流程

**实例七**
**制作招聘流程**

### 一、实例背景

制作招聘流程是招聘工作的前提，只有把具体的工作都安排妥当，才能有序而高效地完成招聘工作。招聘工作中涉及很多文档的制作，如招聘简章、应聘登记表、面试通知单、笔试试卷及面试评价表等，要制作出能体现公司企业文化和风格的文档，从而顺利完成招聘工作。

### 二、实例分析

小张向同事请教招聘的流程，根据流程进行分析，确定要制作的文档类型。

（1）制作招聘简章，确定简章的主题和风格。

（2）制作应聘登记表、工作履历表。

（3）制作面试评价表。

### 三、制作过程

#### （一）制作招聘简章

**1．新建文档并设置页面格式**

（1）新建"招聘简章.docx"文档，在"页面布局"选项卡中设置上、下页边距为"2.54 cm"，左页边距为"7 cm"，右页边距为"3.2 cm"，如图 1-7-1 所示。

（2）单击"页面布局"选项卡中的"纸张大小"按钮，在弹出的下拉菜单中选择"其他页面大小"选项，然后在打开的"页面设置"对话框中设置纸张大小为"自定义大小"，宽度为"21 厘米"，高度为"25 厘米"，如图 1-7-2 所示。

图 1-7-1　设置页边距

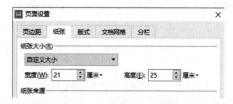

图 1-7-2　设置纸张大小格式

2. 输入文档内容

文档内容应包含公司简介、招聘职位、任职条件、岗位职类、应聘方式等。

（1）设置标题文字"招聘简章"的字符格式为"微软雅黑、一号"，字体颜色为"钢蓝，着色 1，深色 25%"，对齐方式为"居中对齐"。

（2）为文档添加页眉"×××有限责任公司 致力打造全国优秀绿色食品品牌"，设置字符格式为"宋体、小五"，字体颜色为"暗板岩蓝，文本 2，深色 25%"。

（3）设置企业简介"×××（成都）……并为个人提供广阔的发展空间。"的段落格式为首行缩进"2 字符"，字符格式为"宋体、五号"，字体颜色为"暗板岩蓝，文本 2，浅色 40%"，如图 1-7-3 所示。

×××有限责任公司 致力打造全国优秀绿色食品品牌

# 招聘简章

　　×××（成都）有限责任公司是以食品加工为主，所在集团是湖北综合经营实力最强、发展潜力最大的国有粮食集团，是全国大米加工企业 50 强，集团及子公司××丰粮油、××宏粮油是湖北省农业产业化省级重点龙头企业中的 20 强企业，拥有粮油仓储能力 50 万吨，粮油年加工能力 116 万吨，年营业收入超过 20 亿元，粮油仓储和加工综合能力在湖北省同行业位居第一。

　　在当今食品工业高速发展的时机下，公司正虚席以待，诚聘天下英才。公司将为员工提供极具竞争力的薪酬福利，并为个人提供广阔的发展空间。

图 1-7-3　设置文档内容格式

（4）选中文本"销售总监""销售人员""应聘方式"，在"开始"选项卡中单击"边框"按钮右侧的下拉按钮，在弹出的下拉菜单中选择"边框和底纹"选项。在打开的"边框和底纹"对话框的"底纹"选项卡中设置填充颜色为"钢蓝，着色 1，浅色 80%"，应用于"段落"，如图 1-7-4 所示。设置字符格式为"仿宋、二号、加粗"。

3. 设置分栏

（1）选中"销售总监"及"销售人员"中的职位要求文本，在"页面布局"选项卡中单击"分栏"按钮，在弹出的下拉菜单中选择"更多分栏"选项，打开"分栏"对话框，选择预设为"两栏"，如图 1-7-5 所示。

（2）文本字符格式设置与第一段相同。

（3）设置"职位描述"文本字符格式为"仿宋、小三号、加粗"，对齐方式为"居中对齐"。

（4）插入直线形状，然后复制直线，形成双横线样式，如图 1-7-6 和图 1-7-7 所示。设置形状颜色为"暗板岩蓝，文本 2，深色 50%"。

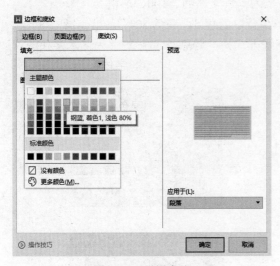

图 1-7-4 设置底纹

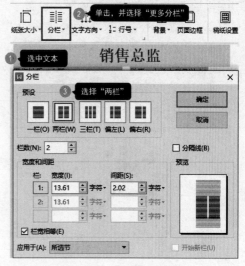

图 1-7-5 设置分栏格式

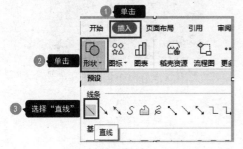

图 1-7-6 插入直线形状

销售总监

工作性质：全职
工作地点：成都
发布日期：2021-05-05
截止日期：2021-07-05
招聘人数：1人
学历：大学本科及以上
工作经验：4年
外语要求：英语四级
薪水：面议
有效期：2个月

职位描述

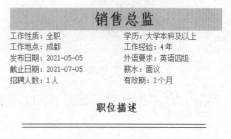

图 1-7-7 双横线样式

（5）设置项目符号与编号，如图 1-7-8 所示。

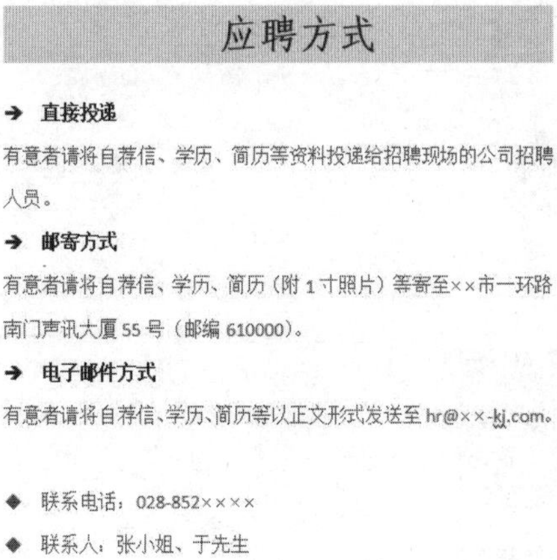

应聘方式

➔ 直接投递

有意者请将自荐信、学历、简历等资料投递给招聘现场的公司招聘人员。

➔ 邮寄方式

有意者请将自荐信、学历、简历（附 1 寸照片）等寄至××市一环路南门声讯大厦 55 号（邮编 610000）。

➔ 电子邮件方式

有意者请将自荐信、学历、简历等以正文形式发送至 hr@××-kj.com。

◆ 联系电话：028-852××××

◆ 联系人：张小姐、于先生

图 1-7-8 设置项目符号与编号

4. 设置艺术字

（1）在文档首页左侧空白处插入艺术字“诚聘”，预设样式为“填充-矢车菊蓝，着色 5，

轮廓-背景 1，清晰阴影-着色 5"，设置字符格式为"华文新魏、100、加粗"。

（2）设置艺术字的文本填充颜色为"矢车菊蓝，着色 5，深色 50%"。

（3）在艺术字下方插入图片，设置文字环绕方式为"紧密型环绕"，并为艺术字和图片添加阴影效果，如图 1-7-9 和图 1-7-10 所示。

图 1-7-9　设置艺术字格式　　　　　　　　　　　　　图 1-7-10　设置图片效果

"招聘简章"文档效果如图 1-7-11 所示。

图 1-7-11　"招聘简章"文档效果

图 1-7-11 "招聘简章"文档效果（续）

## （二）制作应聘登记表

### 1. 新建文档并设置页面格式

新建一个名为"应聘登记表.docx"的文档，设置上、下页边距为"2.5 cm"，左、右页边距为"1.5 cm"；在文档中输入标题"应聘登记表"，设置字符格式为"黑体、小二号、加粗"，对齐方式为"居中对齐"。

### 2. 插入表格并进行相应设置

（1）单击"插入"选项卡中的"表格"按钮，在弹出的下拉菜单中选择"插入表格"选项，在文档中插入一个 14 行 6 列的表格，如图 1-7-12 所示。

图 1-7-12 绘制表格

（2）合并单元格。选中需要合并的单元格后右击，在弹出的快捷菜单中选择“合并单元格”选项。

（3）拆分单元格。选中需要拆分的单元格后右击，在弹出的快捷菜单中选择“拆分单元格”选项。

（4）完成表格制作并输入相应内容，制作完成后的“应聘登记表”文档效果如图 1-7-13 所示。

（5）通过绘制表格及合并单元格的方法制作“工作履历表”，完成后的文档效果如图 1-7-14 所示。

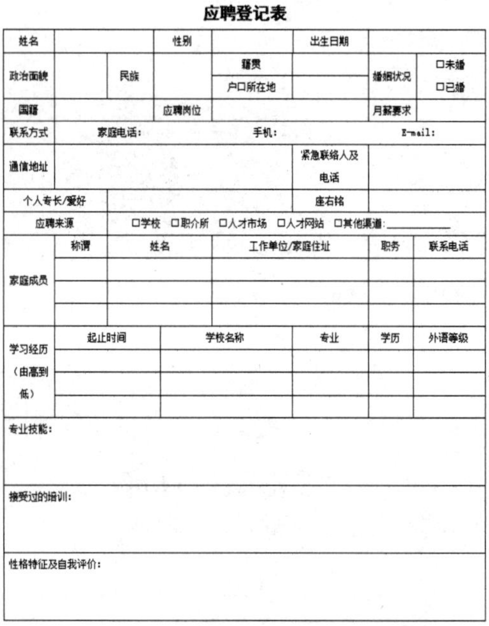

应聘登记表

| 姓名 | | 性别 | | 出生日期 | | |
|---|---|---|---|---|---|---|
| 政治面貌 | | 民族 | | 籍贯 / 户口所在地 | | 婚姻状况 | □未婚 □已婚 |
| 国籍 | | 应聘岗位 | | | 月薪要求 | |
| 联系方式 | 家庭电话： | | 手机： | | E-mail: | |
| 通信地址 | | | | 紧急联络人及电话 | | |
| 个人专长/爱好 | | | | 座右铭 | | |
| 应聘来源 | □学校 □职介所 □人才市场 □人才网站 □其他渠道：________ | | | | | |
| 家庭成员 | 称谓 | 姓名 | 工作单位/家庭住址 | | 职务 | 联系电话 |
| 学习经历（由高到低） | 起止时间 | 学校名称 | | 专业 | 学历 | 外语等级 |
| 专业技能： | | | | | | |
| 接受过的培训： | | | | | | |
| 性格特征及自我评价： | | | | | | |

图 1-7-13 “应聘登记表”文档效果

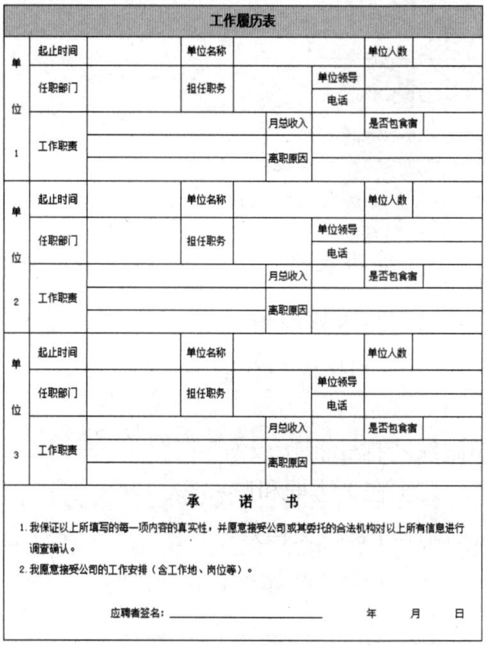

工作履历表

| 单位1 | 起止时间 | | 单位名称 | | 单位人数 | |
|---|---|---|---|---|---|---|
| | 任职部门 | | 担任职务 | | 单位领导 / 电话 | |
| | 工作职责 | | 月总收入 | | 是否包食宿 | |
| | | | 离职原因 | | | |
| 单位2 | 起止时间 | | 单位名称 | | 单位人数 | |
| | 任职部门 | | 担任职务 | | 单位领导 / 电话 | |
| | 工作职责 | | 月总收入 | | 是否包食宿 | |
| | | | 离职原因 | | | |
| 单位3 | 起止时间 | | 单位名称 | | 单位人数 | |
| | 任职部门 | | 担任职务 | | 单位领导 / 电话 | |
| | 工作职责 | | 月总收入 | | 是否包食宿 | |
| | | | 离职原因 | | | |

承　诺　书

1. 我保证以上所填写的每一项内容的真实性，并愿意接受公司或其委托的合法机构对以上所有信息进行调查确认。

2. 我愿意接受公司的工作安排（含工作地、岗位等）。

应聘者签名：________　年　月　日

图 1-7-14 “工作履历表”文档效果

## （三）制作面试评价表

### 1. 制作表格标题

（1）新建一个名为“面试评价表.docx”的文档，设置上、下页边距为“15 cm”，左、右页边距为“3 cm”。

（2）输入表格标题“面试评价表”，设置字符格式为“黑体、小二号、加粗”，对齐方式为“居中对齐”。

（3）在标题行下方输入文字“评价人姓名：”“面试时间：”，设置字符格式为“宋体、五号”。

### 2. 插入表格

（1）在文档中插入一个 12 行 8 列的表格。选中表格，设置表格对齐方式为“居中对齐”。右击表格，在弹出的快捷菜单中选择“表格属性”选项，打开“表格属性”对话框，在“单元格”选项卡中设置表格内容的垂直对齐方式为“居中”，如图 1-7-15 所示。

（2）在“行”选项卡中，设置“行高值是”为“最小值”，指定高度为“0.65 厘米”，如图 1-7-16 所示。

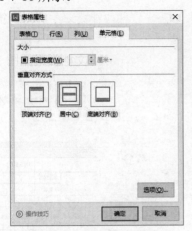

图 1-7-15　设置垂直对齐方式

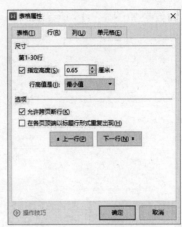

图 1-7-16　设置行高

3. 编辑表格

（1）将表格中相应的单元格进行合并、拆分，输入文本后的效果如图 1-7-17 所示。

（2）添加边框和底纹。选中整个表格，单击“表格样式”选项卡，然后单击“边框”按钮右侧的下拉按钮，在弹出的下拉菜单中选择“边框和底纹”选项，在打开的“边框和底纹”对话框中设置外框线为“2.25 磅单实线”，内框线为“0.5 磅单实线”。

（3）在“边框和底纹”对话框中设置部分单元格的底纹为“白色，背景 1，深色 15%”。“面试评价表”文档效果如图 1-7-18 所示。

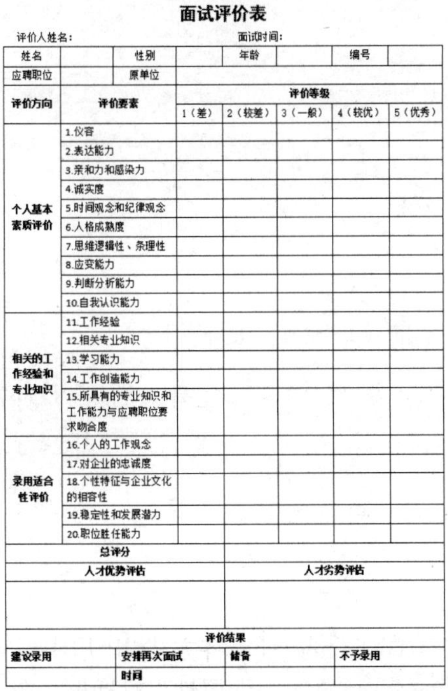

面试评价表

评价人姓名：　　面试时间：

| | | | | | | |
|---|---|---|---|---|---|---|
| 姓名 | | 性别 | 年龄 | | 编号 | |
| 应聘职位 | | 原单位 | | | | |
| 评价方向 | 评价要素 | 评价等级 | | | | |
| | | 1（差） | 2（较差） | 3（一般） | 4（较优） | 5（优秀） |
| 个人基本素质评价 | 1.仪容 | | | | | |
| | 2.表达能力 | | | | | |
| | 3.亲和力和感染力 | | | | | |
| | 4.诚实度 | | | | | |
| | 5.时间观念和纪律观念 | | | | | |
| | 6.人格成熟度 | | | | | |
| | 7.思维逻辑性、条理性 | | | | | |
| | 8.应变能力 | | | | | |
| | 9.判断分析能力 | | | | | |
| | 10.自我认识能力 | | | | | |
| 相关的工作经验和专业知识 | 11.工作经验 | | | | | |
| | 12.相关专业知识 | | | | | |
| | 13.学习能力 | | | | | |
| | 14.工作创造能力 | | | | | |
| | 15.所具有的专业知识和工作能力与应聘职位要求吻合度 | | | | | |
| 录用适合性评价 | 16.个人的工作观念 | | | | | |
| | 17.对企业的忠诚度 | | | | | |
| | 18.个性特征与企业文化的相容性 | | | | | |
| | 19.稳定性和发展潜力 | | | | | |
| | 20.职位胜任能力 | | | | | |
| 总评分 | | | | | | |
| 人才优势评估 | | | 人才劣势评估 | | | |
| | | | | | | |
| 评价结果 | | | | | | |
| 建议录用 | 安排再次面试 | | 储备 | | 不予录用 | |
| | 时间 | | | | | |

图 1-7-17　输入文本后的效果

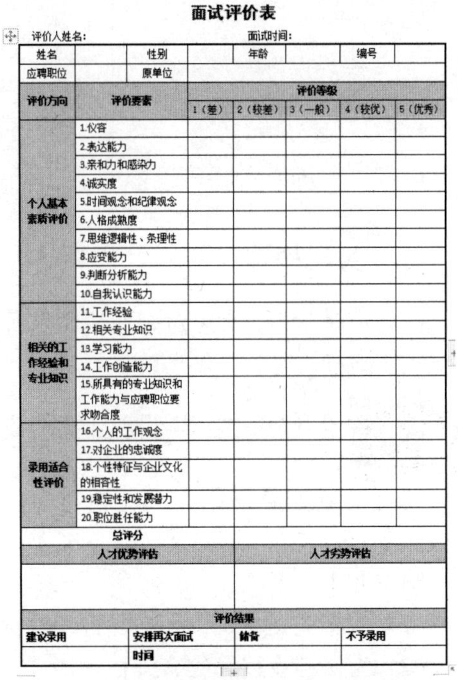

面试评价表

评价人姓名：　　面试时间：

| | | | | | | |
|---|---|---|---|---|---|---|
| 姓名 | | 性别 | 年龄 | | 编号 | |
| 应聘职位 | | 原单位 | | | | |
| 评价方向 | 评价要素 | 评价等级 | | | | |
| | | 1（差） | 2（较差） | 3（一般） | 4（较优） | 5（优秀） |
| 个人基本素质评价 | 1.仪容 | | | | | |
| | 2.表达能力 | | | | | |
| | 3.亲和力和感染力 | | | | | |
| | 4.诚实度 | | | | | |
| | 5.时间观念和纪律观念 | | | | | |
| | 6.人格成熟度 | | | | | |
| | 7.思维逻辑性、条理性 | | | | | |
| | 8.应变能力 | | | | | |
| | 9.判断分析能力 | | | | | |
| | 10.自我认识能力 | | | | | |
| 相关的工作经验和专业知识 | 11.工作经验 | | | | | |
| | 12.相关专业知识 | | | | | |
| | 13.学习能力 | | | | | |
| | 14.工作创造能力 | | | | | |
| | 15.所具有的专业知识和工作能力与应聘职位要求吻合度 | | | | | |
| 录用适合性评价 | 16.个人的工作观念 | | | | | |
| | 17.对企业的忠诚度 | | | | | |
| | 18.个性特征与企业文化的相容性 | | | | | |
| | 19.稳定性和发展潜力 | | | | | |
| | 20.职位胜任能力 | | | | | |
| 总评分 | | | | | | |
| 人才优势评估 | | | 人才劣势评估 | | | |
| | | | | | | |
| 评价结果 | | | | | | |
| 建议录用 | 安排再次面试 | | 储备 | | 不予录用 | |
| | 时间 | | | | | |

图 1-7-18　“面试评价表”文档效果

## 四、实例效果

实例效果如图 1-7-19 所示。

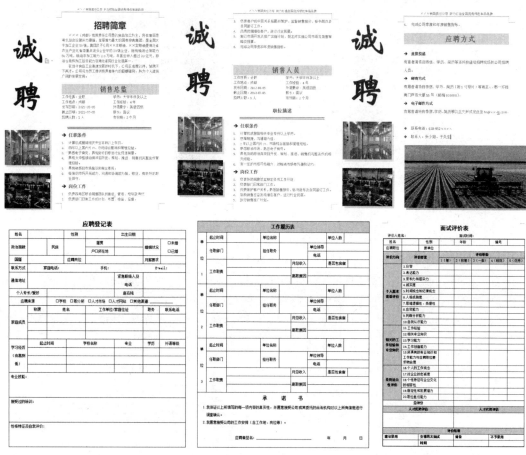

图 1-7-19　实例效果

## 五、实战模拟

　　跟着小张学习，大家对企业招聘流程有没有更多的认识呢？下面我们一起来实战模拟练习。

**练习**　制作一份"招聘简章"文档

　　某公司近期急需招聘一位财务总监，请你制作一份招聘简章，制作效果如图 1-7-20 所示。

　　**制作要求：**

　　（1）按企业文化、主营产品等编写简章内容，设置标题的字符格式，并居中显示。

　　（2）为文档设置底纹、分栏等格式，修饰招聘简章内容。

　　（3）为文档添加项目符号与编号，设置其他内容的字符格式。

实战模拟
制作一份"招聘
简章"文档

# 公 司 诚 聘

××（成都）科技有限责任公司是以数字业务为龙头，集电子商务、系统集成、自主研发为一体的高科技公司。公司集中了一大批高素质、专业性强的人才，立足于数字信息产业，提供专业的信息系统集成服务、GPS 应用服务。在当今数字信息化高速发展的时机下，公司正虚席以待，诚聘天下英才。公司将为员工提供极具竞争力的薪酬福利，并为个人提供广阔的发展空间。

## 财务总监

| | |
|---|---|
| 工作性质：全职 | 学历：大学本科及以上 |
| 工作地点：成都 | 工作经验：10 年 |
| 发布日期：2022-10-8 | 外语要求：英语四级 |
| 截止日期：2022-12-8 | 薪水：面议 |
| 招聘人数：1 人 | 有效期：2 个月 |

### 职位描述

**➡ 任职条件**

1. 财务相关专业本科以上学历；
2. 4 年以上国内外 IT、市场综合财务和管理经验；
3. 熟悉会计电算化，行业经验丰富；
4. 具备大中型项目开发、策划、推进等各环节财务费用的监督管理经验；
5. 具备财务人员的基本素质和基本能力；
6. 具备极强的财务能力、沟通和协调能力强，敬业，有良好的职业操守；

**➡ 岗位工作**

1. 负责财务团队的建设、管理、培训及考核；
2. 负责部门日常工作的计划、布置、检查、监督；
3. 负责财务部门财务费用的管理；
4. 负责公司各部门财务预算和支配；
5. 制订财务部门管理计划，制订并实施公司财务策略及预算；
6. 完成公司季度和年度财务报表；

### 应聘方式

**➡ 邮寄方式**

有意者请将自荐信、学历、简历（附 1 寸照片）等寄至××市一环路南门声讯大厦 55 号（邮编 610000）。

**➡ 电子邮件方式**

有意者请将自荐信、学历、简历等以正文形式发送至 hr@××kj.com。

合则约见，拒绝来访。
联系电话：028-858×××× 
联系人：陈先生、王小姐

图 1-7-20 制作效果

# 实例八 制作客户邀请函

实例八
制作客户邀请函

## 一、实例背景

邀请函的形式注重美观大方，应使用红纸或特制的请柬以示庄重。邀请函的结构通常由标题、称谓、正文、敬语和落款五部分组成。邀请函只有非常正式的场合及重要的宾客才会用到，所以在制作时一定要仔细认真。

## 二、实例分析

和制作其他文档一样，制作邀请函前需要收集一些相关资料，如邀请对象、时间、地点等，所以小张在确认了这些资料后就开始制作了。

（1）确定邀请函的格式和制作风格。

（2）利用"邮件合并"功能批量制作邀请函。

## 三、制作过程

### （一）输入和编辑邀请函

**1. 新建文档**

（1）新建一个名为"邀请函.docx"的文档。

（2）在"页面布局"选项卡中设置纸张方向为"横向"，上、下页边距为"3 cm"，左页边距为"2 cm"，右页边距为"8 cm"。

**2. 编写正文**

（1）在文档中输入邀请函的正文，注意称谓部分可先输入文本"尊敬的："。

（2）设置标题文字的字符格式为"黑体、一号"，对齐方式为"居中对齐"，设置段后间距为"1 行"，如图 1-8-1 所示。

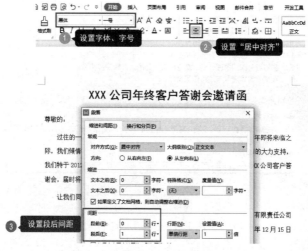

图 1-8-1　设置标题文字的字符和段落格式

（3）选中标题外的全部内容，设置字符格式为"宋体、四号"。选中落款文字，设置对齐方式为"右对齐"。

（4）选中正文，在"段落"组中单击"段落"对话框启动器按钮，打开"段落"对话框，设置特殊格式为"首行缩进"，度量值为"2 字符"，段前、段后间距为"0.5 行"，行距为"1.5 倍行距"，如图 1-8-2 所示。

**3. 添加背景图片**

（1）单击"页面布局"选项卡中的"背景"按钮，然后在弹出的下拉菜单中选择"水印"→"插入水印"选项，在打开的"水印"对话框中勾选"图片水印"复选框，单击"选择图片"按钮后选择适合的背景图片并设置缩放"200%"，取消"冲蚀"复选框的选中状态。单击"确定"按钮，即可将背景图片添加到文档中，如图 1-8-3 所示。

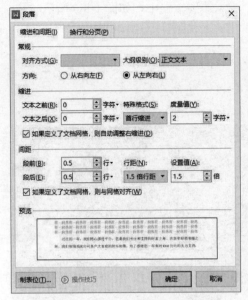

图 1-8-2 设置正文文字的段落格式

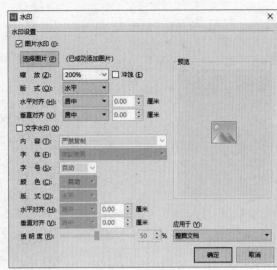

图 1-8-3 设置水印

（2）双击文档顶端，进入页眉编辑状态，将鼠标指针移动到文档右下方，拖曳鼠标指针调整背景图片在文档中的位置。

（3）选中所有文字，设置文字颜色为"白色"，如图 1-8-4 所示。

图 1-8-4 设置文字颜色

## （二）批量制作邀请函

（1）单击"引用"选项卡，然后单击"邮件"按钮，进入"邮件合并"选项卡后单击"打开数据源"按钮，在打开的"选取数据源"窗口中将文件"数据源"打开。

（2）将光标定位在文本"尊敬的"后面，单击"插入合并域"选项，打开"插入域"对话框，在"域"列表框中选择"公司名称"选项，单击"插入"按钮将域插入到"尊敬的"文本后，如图 1-8-5 所示。

（3）依次将"职务""姓氏""名字""称呼"域添加到文档中，如图 1-8-6 所示。

图 1-8-5 "插入域"对话框

图 1-8-6 添加域名

（4）单击"查看合并数据"按钮，进入预览状态，如图 1-8-7 所示。

（5）预览合并。单击"合并到新文档"按钮，在打开的"合并到新文档"对话框中单击"全部"单选按钮，然后单击"确定"按钮即可查看合并数据，如图 1-8-8 所示。

图 1-8-7 预览邮件合并

图 1-8-8 "合并到新文档"对话框

（6）以邮件方式发送邀请函。单击"合并发送"下拉按钮，在弹出的下拉菜单中选择"邮件发送"选项，如图 1-8-9 所示。

（7）在打开的"合并到电子邮件"对话框中，"收件人"一栏中选择"电子邮件地址"选项，"邮件格式"一栏选择"附件"选项，在"主题行"栏输入邮件的主题，单击"全部"单选按钮，然后单击"确定"按钮，完成操作，如图 1-8-10 所示。

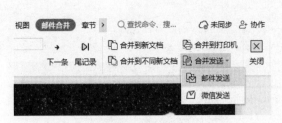

图 1-8-9　邮件发送　　　　　　　　　　图 1-8-10　设置邮件发送

## 四、实例效果

实例效果如图 1-8-11 所示。

图 1-8-11　实例效果

## 五、实战模拟

跟着小张学习，大家了解客户邀请函的格式和制作方法了吗？下面我们一起来实战模拟练习。

**练 习**　制作一份"感谢信"文档

实战模拟
制作一份"感谢信"文档

新年将至，公司决定给老客户发送一封感谢信，感谢他们长久以来对公司的支持，同时也宣传一下企业文化，提升企业形象，制作效果如

图 1-8-12 所示。

### 致李爱爱女士的感谢信

尊敬的 *李爱爱* 女士：

您好！在新春到来之际，我公司怀着感恩的心情，向您致以新年的问候和诚挚的谢意。感谢您从 2010 年开始对我公司的支持和帮助，感谢您让我公司在这个行业中充满信心和勇气，并从中享有收获和喜悦。

2010 年 6 月，您在我公司新推出的"信心"产品的推广活动中，成为了我公司的产品消费者，并在连续几年中一直使用我公司产品。感谢您让我们有机会向您学习和请教，以提升自己为目标，以服务客户为原则。是您，给了我们不断进步的动力。

最后，祝福您在新的一年每一天都快乐、健康，愿您能在未来的日子里，继续给我们更多的支持和帮助，助我们在这个行业中快速成长！

谢谢！ 愿每个家庭拥有平安！

此致敬礼

×××有限责任公司

二〇二一年一月八日

图 1-8-12　制作效果

**制作要求：**

（1）编写感谢信的主要内容，设置感谢信标题的字符格式为"宋体、三号"，对齐方式为"居中对齐"，设置正文的行距为"1.5 倍行距"，特殊格式为"首行缩进"，度量值为"2 字符"。

（2）可利用邮件合并的方式添加收件人数据源。设置落款文字的对齐方式为"右对齐"，完成后保存文档。

## 实例九　制作客户回访问卷

**实例九
制作客户回访问卷**

### 一、实例背景

客户回访问卷是客户服务工作的重点之一。由于客户回访问卷中的信息量较大，因此制作客户回访问卷前必须做好充分的准备工作，包括整理客户数据源，了解主控文档和数据源之间的关系等。一个主控文档可以导入多个不同格式的数据源，利用邮件合并功能在主控文档中导入数据源的方法在批量制作文档中经常使用。

### 二、实例分析

小张整理了一下客户信息及商品信息，准备用表格的形式来制作客户回访问卷。

（1）新建回访问卷文档，在文档中插入表格，设置相关内容。

（2）设置内容的字符格式及段落格式，添加项目符号，并为表格添加边框样式。

（3）创建数据源表格，填写准备好的客户资料并保存到通讯录中。

（4）在客户回访问卷中添加下画线，通过邮件合并功能将数据添加到表格中，打印客户回访问卷。

## 三、制作过程

### (一) 制作客户回访问卷

#### 1. 新建文档

(1) 新建名为"客户回访问卷.docx"的文档。

图 1-9-1　设置页边距

(2) 在"页面布局"选项卡中设置上、下、左、右页边距为"2.5 cm",如图 1-9-1 所示。

#### 2. 插入表格

(1) 输入标题文字"客户回访问卷",按 Enter 键将鼠标光标定位到下一行。在"插入"选项卡中单击"表格"按钮,在弹出的下拉菜单中选择"插入表格"选项,如图 1-9-2 所示,打开"插入表格"对话框。

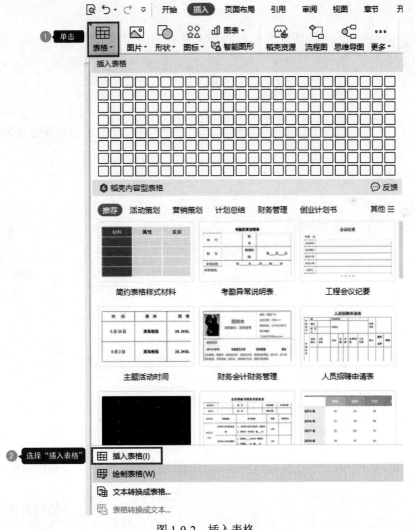

图 1-9-2　插入表格

（2）在"插入表格"对话框中，设置行数为"9"，列数为"3"，单击"确定"按钮，如图 1-9-3 所示，此时在文档中插入了一个 9 行 3 列的表格。

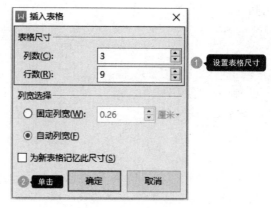

图 1-9-3　设置表格尺寸

3. 绘制表格

（1）选中表格，适当调整表格的行高和列宽，并将相应的单元格进行合并/拆分，如图 1-9-4 所示。

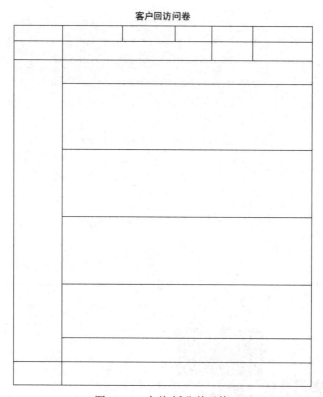

图 1-9-4　合并/拆分单元格

（2）在"表格样式"选项卡中单击"边框"右侧的下拉按钮，在弹出的下拉菜单中选择"边框和底纹"选项，打开"边框和底纹"对话框，对表格的边框线型及宽度进行设置，如图 1-9-5 和图 1-9-6 所示。

图 1-9-5　边框和底纹

图 1-9-6　设置边框

4. 输入表格内容

（1）在表格中输入内容，设置表格标题的字符格式为"宋体、二号、加粗"，对齐方式为居中对齐，设置标题的段后间距为"1 行"。

（2）设置表格内容中固定部分的字符格式为"宋体、小四、加粗"，对齐方式为"居中对齐"，行距为"多倍行距"，设置值为"1.3 倍"，完成后的效果如图 1-9-7 所示。

#### 5. 设置对齐方式

（1）选中表格后右击，在弹出的快捷菜单中选择"表格属性"选项，打开"表格属性"对话框。

（2）单击"单元格"选项卡，设置垂直对齐方式为"居中"，然后单击"确定"按钮，如图 1-9-8 所示。

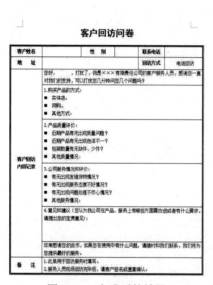

图 1-9-7　完成后的效果

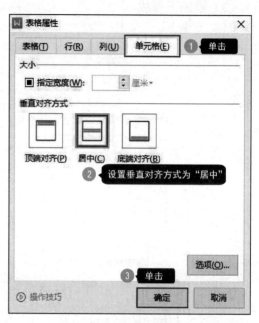

图 1-9-8　设置对齐方式

#### 6. 设置文字方向

（1）选择第 1 列合并单元格中的文本"客户回访内容记录"，在"表格工具"选项卡中单击"文字方向"按钮，在弹出的下拉菜单中选择"垂直方向从右往左"选项，使单元格中的文字垂直排列，如图 1-9-9 所示。

（2）选中文字"联系电话"，在"表格工具"选项卡中单击"对齐方式"按钮，在弹出的下拉菜单中选择"水平居中"选项，如图 1-9-10 所示。

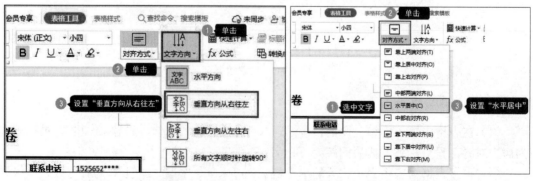

图 1-9-9　设置文字方向　　　　　　　图 1-9-10　设置对齐方式

7. 调整表格内容

（1）为文档中的内容添加项目符号。

（2）选中表格第 1、2 行，设置表格对齐方式为“水平居中”，根据内容调整各行各列的行高和列宽。

（3）添加下画线。移动鼠标指针，将光标插入点定位到需要添加下画线的地方，按“Ctrl+U”组合键，添加下画线（再次按“Ctrl+U”组合键，可取消下画线添加状态）。采用相同的操作方法在其他需要添加下画线的地方进行设置，如图 1-9-11 所示。

**客户回访问卷**

| 客户姓名 | | 性　别 | | 联系电话 | |
|---|---|---|---|---|---|
| 地　址 | | | | 回访方式 | 电话回访 |
| 客户回访内容记录 | 您好，　　　，打扰了，我是×××有限责任公司的客户服务人员，感谢您一直对我们的支持，可以打扰您几分钟问您几个问题吗？ | | | | |
| | 1.购买产品的方式：<br>■ 实体店<br>■ 网购<br>■ 其他方式：________________ | | | | |
| | 2.产品质量评价：<br>■ 近期产品有无出现质量问题？<br>■ 近期产品有无出现色泽不一？<br>■ 包装数量有无缺件、少件？<br>■ 其他质量情况：________________ | | | | |
| | 3.公司服务情况和评价：<br>■ 有无出现发错货物情况？<br>■ 有无出现服务态度不好情况？<br>■ 有无出现问题处理不尽心情况？<br>■ 其他服务情况：________________ | | | | |
| | 4. 意见和建议（您认为我公司在产品、服务上有哪些方面需改进或者有什么要求，请提出您的宝贵意见）：________________<br>________________ | | | | |
| | 非常感谢您的合作，如果您在使用中有什么问题，请随时和我们联系，我们将为您提供最好的服务。 | | | | |
| 备　注 | 1.此单用于回访服务时填写。<br>2.服务人员现场回访完毕后，请客户签名或盖章确认。 | | | | |

图 1-9-11　调整表格内容

## （二）创建数据源，合并数据

1. 新建客户信息表

在电子表格中输入客户相关信息，如图 1-9-12 所示。

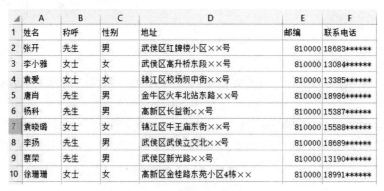

| | A | B | C | D | E | F |
|---|---|---|---|---|---|---|
| 1 | 姓名 | 称呼 | 性别 | 地址 | 邮编 | 联系电话 |
| 2 | 张开 | 先生 | 男 | 武侯区红牌楼小区××号 | 810000 | 18683****** |
| 3 | 李小雅 | 女士 | 女 | 武侯区高升桥东段××号 | 810000 | 13084****** |
| 4 | 袁爱 | 女士 | 女 | 锦江区校场坝中街××号 | 810000 | 13385****** |
| 5 | 唐肖 | 先生 | 男 | 金牛区火车北站东路××号 | 810000 | 18986****** |
| 6 | 杨科 | 先生 | 男 | 高新区长益街××号 | 810000 | 15387****** |
| 7 | 袁晓璐 | 女士 | 女 | 锦江区牛王庙东街××号 | 810000 | 15588****** |
| 8 | 李扬 | 先生 | 男 | 武侯区武侯立交北××号 | 810000 | 18689****** |
| 9 | 蔡荣 | 先生 | 男 | 武侯区新光路××号 | 810000 | 13190****** |
| 10 | 徐珊珊 | 女士 | 女 | 高新区金桂路东苑小区4栋×× | 810000 | 18991****** |

图 1-9-12　新建客户信息表

### 2. 使用邮件合并功能合并数据

批量制作文档时，使用邮件合并功能将数据源中的数据导入主控文档中。

（1）将光标插入点定位到"客户姓名"单元格后的空白单元格内。

（2）单击"引用"选项卡中的"邮件"按钮，进入"邮件合并"选项卡，然后单击"打开数据源"右侧的下拉按钮，在弹出的下拉菜单中选择"打开数据源"选项，选择数据源为"客户资料"，如图 1-9-13 所示。

（3）单击"插入合并域"按钮，打开"插入域"对话框，如图 1-9-14 所示。

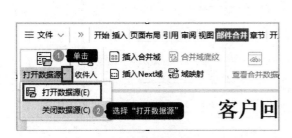

图 1-9-13　导入数据　　　　　图 1-9-14　"插入域"对话框

（4）分别选择"姓名""性别""联系电话""地址""称呼"等选项，插入相对应的域，如图 1-9-15 所示。

（5）预览合并。单击"合并到新文档"按钮，在打开的"合并到新文档"对话框中单击"全部"单选按钮，然后单击"确定"按钮查看合并数据，如图 1-9-16 所示。

（6）单击"合并到打印机"按钮，在打开的对话框中单击"全部"单选按钮，然后单击"确定"按钮，打开"打印"对话框，设置打印机属性、纸张大小、打印份数后，单击"确定"按钮即可打印文档。

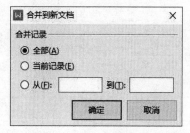

图 1-9-15　插入域　　　　　　　　　图 1-9-16　"合并到新文档"对话框

## 四、实例效果

实例效果如图 1-9-17 所示。

图 1-9-17　实例效果

## 五、实战模拟

跟着小张学习，大家对回访问卷的制作有没有更多的认识呢？下面我们一起来实战模拟练习。

**练 习** 制作一份"各部门费用统计表"文档

新季度开始了，办公室要将各部门上一季度的各项费用统计出来，需要制作一份"各部门费用统计表"，制作效果如图 1-9-18 所示。

**实战模拟**
制作一份"各部门
费用统计表"文档

| 各部门费用统计表 | | | | | |
|---|---|---|---|---|---|
| 项目 | 行政部 | 销售部 | 策划部 | 研发部 | 财务部 |
| 电话费 | | | | | |
| 宽带费 | | | | | |
| 办公用品费 | | | | | |
| 电费 | | | | | |
| 水费 | | | | | |
| 保洁费 | | | | | |
| 绿植费 | | | | | |
| 名片费 | | | | | |
| 市内快递费 | | | | | |
| 市外快递费 | | | | | |
| 生日会消费 | | | | | |
| 清洗地毯费 | | | | | |
| 费用合计 | | | | | |

图 1-9-18　制作效果

**制作要求：**

（1）新建文字文档，制作"各部门费用统计表"，设置纸张方向为"横向"，设置上、下、左、右页边距为"2 cm"。

（2）插入表格，输入表格内容，设置表格单元格的对齐方式，为不同内容添加不同颜色的底纹，保存文档。

# 电子表格篇

◎ **知识目标**

1. 掌握 WPS 表格的基本操作和使用。
2. 能够灵活运用 WPS 表格进行数据处理和分析。

◎ **能力目标**

1. 培养学生的数据分析能力和判断能力，具备解决实际问题的能力。
2. 培养学生的实践能力和视觉表达能力。
3. 学生能够独立思考和解决实际问题，具备较强的创新能力。

◎ **素养目标**

1. 强调诚信原则和社会公德，培养学生的社会责任感和道德素质。
2. 注重数据的应用和实践，培养学生的动手能力和实践能力。
3. 学生能够实现自我管理和团队协作，具备较强的领导能力和团队合作精神。

## 实例一　制作员工信息表

实例一
制作员工信息表

### 一、实例背景

小丽是鑫鑫水果超市的经理助理，经理需要对员工的基本信息进行建档管理。接到任务后，小丽使用 WPS 表格对员工信息进行录入和整理，使管理变得更简单、更规范。

### 二、实例分析

小丽整理了一下思路，准备从以下几个方面来完成建档任务。

（1）录入数据。

（2）使用函数提取信息。

（3）格式化数据和表格。

### 三、制作过程

#### 1. 导入外部数据

（1）新建 WPS 表格，将文本文件中已有的数据导入工作表 Sheet1。选中 Sheet1 工作表中的 A1 单元格，单击"数据"选项卡，然后单击"导入数据"按钮，在弹出的下拉菜单中选择"导入数据"选项，如图 2-1-1 所示。

图 2-1-1　导入数据

（2）打开"第一步：选择数据源"对话框，选中"直接打开数据文件"单选按钮，然后单击"选择数据源"按钮，在打开的"打开"对话框中选择"员工信息.txt"，单击"打开"按钮，打开"文件转换"对话框，无须修改任意一项，直接单击"下一步"按钮，如图 2-1-2、图 2-1-3 和图 2-1-4 所示。

（3）打开"文本导入向导-3 步骤之 1"对话框，根据原始数据中各列数据之间的间隔符号，单击"分隔符号"单选按钮，然后单击"下一步"按钮，打开"文本导入向导-3 步骤之 2"对话框，其中因为本例文本文件数据之间以 Tab 键间隔，故勾选"Tab 键"复选框，单击"下一步"按钮，如图 2-1-5 和图 2-1-6 所示。

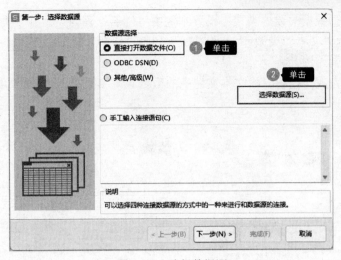

图 2-1-2　选择数据源

图 2-1-3　打开数据源

图 2-1-4　预览数据

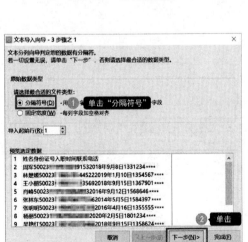

图 2-1-5　选择原始数据类型

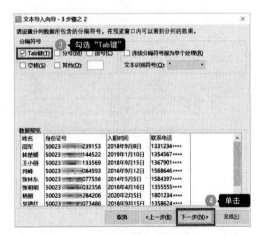

图 2-1-6　设置数据分隔符

（4）设置各列数据的数据类型，设置本例中"姓名"列为"常规"类型；"身份证号""联系电话"列为"文本"类型；"入职时间"列为"日期"类型。图 2-1-7 以设置"入职时间"列数据类型为例。

（5）单击"完成"按钮，将文本文件中的数据导入 WPS 表格，效果如图 2-1-8 所示。

图 2-1-7　设置"入职时间"列数据的数据类型　　　　图 2-1-8　导入外部数据效果

### 2. 编辑数据

（1）选中第一行数据后右击，在弹出的快捷菜单中选择"在上方插入行 1"选项，如图 2-1-9 所示，新增了一行标题行，在 A1 单元格输入标题"鑫鑫水果超市员工信息表"。

图 2-1-9　新增标题行

（2）采用同样的操作方法，新增各列，如图 2-1-10 所示。

图 2-1-10　新增数据列

（3）使用自动填充功能完成序号填充。选中 A3 单元格，将鼠标指标移至 A3 单元格右下角，出现"+"时，按住鼠标左键并向下拖曳，如图 2-1-11 所示。

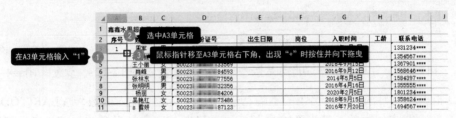

图 2-1-11　填充"序号"列数据

（4）从身份证号码中提取员工性别。选中 C3 单元格，输入函数"=IF(MOD (MID (D3,17,1), 2)=1,"男","女")"，求出周军的性别为"男"，使用自动填充功能向下复制函数，求出所有员工的性别数据，如图 2-1-12 所示。

图 2-1-12　计算"性别"列数据

（5）从身份证号码中提取员工出生日期。选中 E3 单元格，输入函数"=--TEXT(MID(D3,7,8), "0000-00-00")"，求出周军的出生日期为"28056"，设置 E3 单元格格式类型为"日期"，使用自动填充功能向下复制函数，求出所有员工的性别数据，如图 2-1-13 和图 2-1-14 所示。

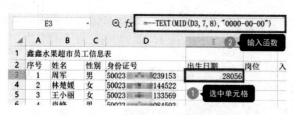

图 2-1-13　计算"出生日期"列数据　　　　　图 2-1-14　设置日期格式

（6）根据当前日期计算出员工的工龄。选中 H3 单元格，输入函数"=YEAR(TODAY())-YEAR(G3)"，求出周军的工龄为"1900 年 1 月 4 日"，修改 H3 单元格格式为"常规"数据类型，求出周军的工龄，使用自动填充功能向下复制函数，求出所有员工的工龄数据，如图 2-1-15 和图 2-1-16 所示。

图 2-1-15　计算"工龄"列数据

图 2-1-16　设置单元格格式

>> ● 小提示

① TODAY()：获取系统当前的日期。

② YEAR(日期)：获取日期的年份数据。

（7）输入岗位数据后，效果如图 2-1-17 所示。

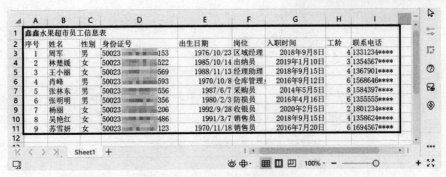

图 2-1-17　输入岗位数据后的效果

### 3. 格式化数据和表格

（1）选中 A1:I1 单元格区域，单击"合并居中"按钮，设置标题字体为"黑体"，字号为"12"，如图 2-1-18 所示。

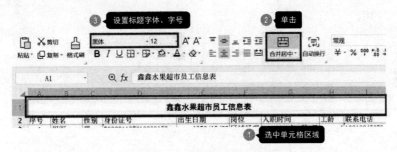

图 2-1-18　设置标题格式

（2）选中 A2:I11 单元格区域后右击，在弹出的快捷菜单中选择"设置单元格格式"选项，打开"单元格格式"对话框。单击"边框"选项卡，设置外边框为粗实线，如图 2-1-19 所示，设置内边框为细虚线；单击"对齐"选项卡，设置对齐方式为"水平居中、垂直居中"。

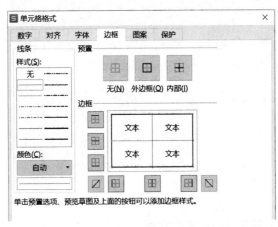

图 2-1-19　设置边框样式

（3）选中 A2:I2 单元格区域，设置字形为"加粗"，底纹填充颜色为"矢车菊蓝，着色1，浅色40%"，如图 2-1-20 所示。

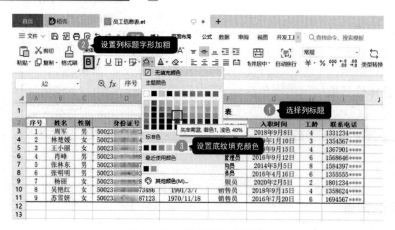

图 2-1-20　设置列标题格式

## 四、实例效果

实例效果如图 2-1-21 所示。

| 序号 | 姓名 | 性别 | 身份证号 | 出生日期 | 岗位 | 入职时间 | 工龄 | 联系电话 |
|---|---|---|---|---|---|---|---|---|
| 1 | 周军 | 男 | 50023 ██████ 239153 | 1976/10/23 | 区域经理 | 2018年9月8日 | 4 | 1331234**** |
| 2 | 林楚媛 | 女 | 50023 ██████ 144522 | 1985/10/14 | 出纳员 | 2019年1月10日 | 3 | 1354567**** |
| 3 | 王小丽 | 女 | 50023 ██████ 1133569 | 1988/11/13 | 经理助理 | 2018年9月15日 | 4 | 1367901**** |
| 4 | 肖峰 | 男 | 50023 ██████ 084593 | 1970/10/8 | 仓库管理员 | 2016年9月12日 | 6 | 1568646**** |
| 5 | 张林东 | 男 | 50023 ██████ 077556 | 1987/6/7 | 采购员 | 2014年5月5日 | 8 | 1584397**** |
| 6 | 张明明 | 男 | 50023 ██████ 032356 | 1980/2/3 | 防损员 | 2016年4月16日 | 6 | 1355555**** |
| 7 | 杨丽 | 女 | 50023 ██████ 284206 | 1992/9/28 | 收银员 | 2020年2月5日 | 2 | 1801234**** |
| 8 | 吴艳红 | 女 | 50023 ██████ 073486 | 1991/3/7 | 销售员 | 2018年9月15日 | 4 | 1358624**** |
| 9 | 苏雪妍 | 女 | 50023 ██████ 1187123 | 1970/11/18 | 销售员 | 2016年7月20日 | 6 | 1694567**** |

图 2-1-21　实例效果

## 五、实战模拟

跟着小丽学习，大家有没有掌握基础表格的制作呢？下面我们一起来实战模拟练习。

| 练 习 | 制作一份"员工健康体检登记表" |
|---|---|

为保障全体员工的身体健康，避免传染病的发生，也体现公司对员工的关爱，鑫鑫超市定于 6 月 15 日—20 日安排 2022 年度员工体检，请你制作一份员工健康体检登记表，制作效果如图 2-1-22 所示。

**实战模拟**
**制作一份"员工健康体检登记表"**

| 序号 | 姓名 | 性别 | 身份证号 | 年龄 | 岗位 | 体检医院 | 体检日期 | 体检结果 |
|---|---|---|---|---|---|---|---|---|
| 1 | 周军 | 男 | 50023 ██████ 239153 | 46 | 区域经理 | 日康体检中心 | 2022/6/19 | 合格 |
| 2 | 林楚媛 | 女 | 50023 ██████ 144522 | 37 | 出纳员 | 日康体检中心 | 2022/6/17 | 合格 |
| 3 | 王小丽 | 女 | 50023 ██████ 1133569 | 34 | 经理助理 | 日康体检中心 | 2022/6/15 | 合格 |
| 4 | 肖峰 | 男 | 50023 ██████ 084593 | 52 | 仓库管理员 | 日康体检中心 | 2022/6/18 | 合格 |
| 5 | 张林东 | 男 | 50023 ██████ 077556 | 35 | 采购员 | 日康体检中心 | 2022/6/18 | 合格 |
| 6 | 张明明 | 男 | 50023 ██████ 032356 | 42 | 防损员 | 日康体检中心 | 2022/6/19 | 合格 |
| 7 | 杨丽 | 女 | 50023 ██████ 284206 | 30 | 收银员 | 日康体检中心 | 2022/6/15 | 合格 |
| 8 | 吴艳红 | 女 | 50023 ██████ 073486 | 31 | 销售员 | 日康体检中心 | 2022/6/15 | 合格 |
| 9 | 苏雪妍 | 女 | 50023 ██████ 1187123 | 52 | 销售员 | 日康体检中心 | 2022/6/15 | 合格 |

图 2-1-22　制作效果

**制作要求：**

（1）在 WPS 表格中输入常规数据：姓名、身份证号、体检医院、岗位及体检结果等。

（2）输入特殊数据。

① 序号：使用自动填充功能填充序号。

② 性别：从身份证号中提取性别。

③ 年龄：根据身份证号求出年龄。

（3）设置"岗位"列数据的数据有效性序列为区域经理、出纳员、经理助理、仓库管理员、采购员、防损员、收银员、销售员。

（4）设置体检日期格式。

## 实例二　制作商品信息表

实例二
制作商品信息表

### 一、实例背景

小丽今天接到一个任务，要制作一张商品信息表，以提高商品的管理和经营效率及效益。接到任务后，小丽使用 WPS 表格对商品信息进行录入和整理，实时更新商品信息，使之更具有时效性。

### 二、实例分析

小丽整理了一下思路，准备从以下几个方面来完成任务。

（1）编辑表格数据。

（2）工作表格式设置。

（3）设置数据有效性。

### 三、制作过程

1．导入和编辑数据

（1）新建 WPS 表格"商品信息表.et"，打开素材文件"商品基本信息.xlsx"，选择有关商品信息的单元格后右击，在弹出的快捷菜单中选择"复制"选项，打开"商品信息表.et"的 Sheet1 工作表后再次右击 A1 单元格，在弹出的快捷菜单中选择"粘贴"选项，如图 2-2-1 和图 2-2-2 所示。

图 2-2-1　复制数据

图 2-2-2　粘贴数据

（2）选中第 1、2 行数据后右击，在弹出的快捷菜单中选择"在上方插入行 2"选项，如图 2-2-3 所示。在 B1 单元格中输入标题文字"商品信息表"，在 B2 单元格中输入标题文字"统计时间：20220601-20220630"。

（3）采用同样的操作方法，新增各列，建立表格框架，如图 2-2-4 所示。

图 2-2-3　编辑表头数据

图 2-2-4　新增列

（4）填充"商品编号"列数据。选中 A4 单元格后右击，在弹出的快捷菜单中选择"设置单元格格式"选项，如图 2-2-5 所示。

打开"单元格格式"对话框，单击"数字"选项卡，设置单元格格式为"自定义"，在"类型"文本框中输入文字""F00146"G/通用格式"，单击"确定"按钮，如图 2-2-6 所示。

图 2-2-5　设置"商品编号"列数据格式

图 2-2-6　设置自定义格式

再次选中 A4 单元格，输入编号"221"后按 Enter 键确认，A4 单元格的值显示为"F00146221"，使用自动填充功能向下复制，填充其他商品编号，如图 2-2-7 所示。

（5）设置"商品划分归属"列数据的有效性规则。选中 C4:C37 单元格区域，单击数据选项卡中"有效性"右侧的下拉按钮，在弹出的下拉菜单中选择"有效性"选项，如图 2-2-8 所示。

设置该单元格区域的有效性条件为允许"序列"，在"来源"框中输入数据的值为"富平，进口，长半径直采，自有品牌"，单击"确定"按钮，如图 2-2-9 所示。

在工作表 C4:C37 单元格区域中单击下拉列表并选择"商品划分归属"的值，如图 2-2-10 所示。

图 2-2-7 填充"商品编号"列数据

图 2-2-8 设置"商品划分归属"列格式

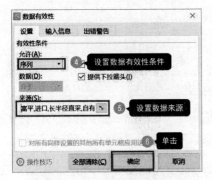

图 2-2-9 设置数据有效性条件

图 2-2-10 选择"商品划分归属"的值

（6）填充"单位"列数据。选中 E4:E9、E11:E30、E32:E37 这 3 个单元格区域，输入文字"千克"，按"Ctrl+Enter"组合键，在不连续的单元格中同时填充相同内容"千克"，如图 2-2-11 所示。在 E10、E31、E34 单元格依次输入文字"个""盒""个"。

图 2-2-11 填充"单位"列数据

>> ● 小提示

**选择不连续区域**

先选择第一个区域，按住 Ctrl 键，再继续选择其他单元格区域。

2. 工作表格式设置

（1）选中 A1:F1 标题区域，单击"开始"选项卡中的"合并居中"按钮，设置标题字符格式为"微软雅黑、15、加粗",如图 2-2-12 所示。

图 2-2-12　设置标题格式

（2）选中 A2:F2 单元格区域,单击"开始"选项卡中的"合并居中"按钮,设置字符格式为"微软雅黑、8",字体颜色为"红色",对齐方式为"左对齐",如图 2-2-13 所示。

（3）选中 A:F 列,单击"开始"选项卡中的"行和列"按钮,在弹出的下拉菜单中选择"最适合的列宽"选项,如图 2-2-14 所示。

图 2-2-13　设置 A2:F2 单元格区域格式

图 2-2-14　设置列宽

（4）选中 A3:F37 单元格区域,单击"开始"选项卡中的"水平居中"按钮,将表格内容居中;单击"边框"右侧的下拉按钮,在弹出的下拉菜单中选择"所有框线"选项,如图 2-2-15 所示。

（5）选中 A3:F3 单元格区域,设置列标题字符格式为"微软雅黑、11、加粗",底纹填充颜色为"浅绿",如图 2-2-16 所示。

图 2-2-15　设置表格格式

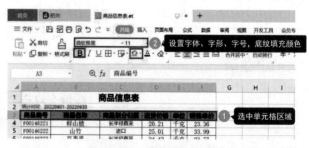

图 2-2-16　设置列标题格式

（6）选中 A4:F37 单元格区域,设置字符格式为"微软雅黑、9"。

## 四、实例效果

实例效果如图 2-2-17 所示。

| | A | B | C | D | E | F |
|---|---|---|---|---|---|---|
| 1 | | | 商品信息表 | | | |
| 2 | 统计时间：20220601-20220630 | | | | | |
| 3 | 商品编号 | 商品名称 | 商品划分归属 | 进货价格 | 单位 | 销售单价 |
| 4 | F00146221 | 鲜山楂 | 长半径直采 | 20.21 | 千克 | 23.36 |
| 5 | F00146222 | 山竹 | 进口 | 25.01 | 千克 | 33.99 |
| 6 | F00146223 | 百香果 | 长半径直采 | 24.42 | 千克 | 23.77 |
| 7 | F00146224 | 人参果 | 长半径直采 | 14.63 | 千克 | 17.27 |
| 8 | F00146225 | 莲雾 | 长半径直采 | 29.56 | 千克 | 30.89 |
| 9 | F00146226 | 红肉菠萝蜜肉 | 进口 | 43.24 | 千克 | 47.52 |
| 10 | F00146227 | 泰国钻石郎青 | 自有品牌 | 7.48 | 个 | 9.35 |
| 11 | F00146228 | 湿花生 | 富平 | 14.84 | 千克 | 15.15 |
| 12 | F00146229 | 皇冠水晶梨 | 富平 | 10.69 | 千克 | 13.17 |
| 13 | F00146230 | 甘肃精品红富士 | 富平 | 14.61 | 千克 | 17.3 |
| 14 | F00146231 | 套袋红富士 | 长半径直采 | 12.54 | 千克 | 14.94 |
| 15 | F00146232 | 本地黑李 | 自有品牌 | 16.03 | 千克 | 19.03 |
| 16 | F00146233 | 脆脆李 | 富平 | 12.12 | 千克 | 14.13 |
| 17 | F00146234 | 青红脆李 | 富平 | 14.14 | 千克 | 15.47 |
| 18 | F00146235 | 国产龙眼 | 富平 | 30.31 | 千克 | 33.26 |
| 19 | F00146236 | 妃子笑荔枝 | 富平 | 16.42 | 千克 | 19.06 |
| 20 | F00146237 | 金煌芒果 | 富平 | 18.35 | 千克 | 20.92 |
| 21 | F00146238 | 水蜜桃 | 富平 | 14.83 | 千克 | 16.25 |
| 22 | F00146239 | 樱桃 | 长半径直采 | 83.91 | 千克 | 97.8 |
| 23 | F00146240 | 木瓜 | 富平 | 6.6 | 千克 | 7.04 |
| 24 | F00146241 | 黑美人西瓜 | 富平 | 2.7 | 千克 | 3.71 |
| 25 | F00146242 | 特小凤西瓜 | 长半径直采 | 9.18 | 千克 | 10.52 |
| 26 | F00146243 | 进口橙 | 富平 | 16.54 | 千克 | 20.2 |
| 27 | F00146244 | 国产柠檬 | 长半径直采 | 1.02 | 千克 | 1.44 |
| 28 | F00146245 | 沃柑 | 富平 | 13.46 | 千克 | 16.19 |
| 29 | F00146246 | 红西柚 | 进口 | 10.12 | 千克 | 13.88 |
| 30 | F00146247 | 榴莲 | 进口 | 40.8 | 千克 | 47.67 |
| 31 | F00146248 | 佳沃国产蓝莓 | 进口 | 8.9 | 盒 | 9.96 |
| 32 | F00146249 | 火龙果 | 进口 | 11.2 | 千克 | 11.54 |
| 33 | F00146250 | 香蕉 | 进口 | 6.66 | 千克 | 8.26 |
| 34 | F00146251 | 佳沛金奇异果王 | 进口 | 6.89 | 个 | 8.04 |
| 35 | F00146252 | 阳光玫瑰葡萄 | 富平 | 13.81 | 千克 | 13.13 |
| 36 | F00146253 | 本地红提 | 进口 | 19.82 | 千克 | 21.58 |
| 37 | F00146254 | 千禧小西红柿 | 富平 | 7.4 | 千克 | 10.93 |

图 2-2-17　实例效果

## 五、实战模拟

跟着小丽学习，大家有没有掌握表格的格式化呢？下面我们一起来实战模拟练习。

| 练 习 | 设计一个"公司文化活动方案汇总表" |
|---|---|

为丰富员工业余生活，提高员工文化素质与修养，激发员工的工作积极性，公司非常重视企业文化的建设。请你制作一个"公司文化活动方案汇总表"，制作效果如图 2-2-18 所示。

实战模拟
设计一个"公司
文化活动方案
汇总表"

图 2-2-18　制作效果

**制作要求：**

（1）在 WPS 表格中输入常规数据：活动时间、活动主题、活动意图、费用预算。

（2）使用自动填充功能填充活动时间。

（3）设置合适的字符格式、字体颜色和对齐方式。

（4）设置合适的边框和底纹。

 # 实例三　制作商品采购管理表

实例三
制作商品采购管理表

## 一、实例背景

良好的采购管理可以提高供货效率，减少库存，增强对市场的适应性。为了提高企业的市场竞争力和经济效益，经理安排小丽制作一张商品采购管理表，以提高商品的管理和经营效率及效益。接到任务后，小丽使用 WPS 表格来制作"商品采购管理表"。

## 二、实例分析

小丽整理了一下思路，准备从以下几个方面来完成任务。

（1）导入数据。

（2）使用公式和函数提取数据。

（3）自动套用表格样式。

## 三、制作过程

### 1. 导入其他工作簿中的数据

将"商品信息表.et"文件的 Sheet1 工作表复制到"商品采购管理表.et"文件的"采购明细"工作表之前，具体操作如下。

打开"商品信息表.et"和"商品采购管理表.et"文件。选择"商品信息表.et"文件的 Sheet1 工作表后右击 Sheet1 工作表标签，在弹出的快捷菜单中选择"移动或复制工作表"选项，打开"移动或复制工作表"对话框，单击"将选定工作表移至工作簿"下拉列表，选择"商品采购管理表.et"，勾选"建立副本"复选框，单击"确定"按钮，返回工作表，如图 2-3-1 所示，将"Sheet1"工作表重命名为"商品信息"。

### 2. 编辑数据

（1）填充"商品名称"列数据。切换至"采购明细"工作表，根据给定的"商品编码"，使用 VLOOKUP 函数在"商品信息"工作表中查找对应的"商品名称"。选中 D4 单元格，单击"公式"选项卡中的"插入函数"按钮，打开"插入函数"对话框，选择"VLOOKUP"函数，单击"确定"按钮；打开"函数参数"对话框，在"函数参数"对话框中设置查找值为"C4"单元格，数据表区域为"商品信息!A4:F37"（选择该单元格区域后按功能键 F4，将该单元格区域设置为绝对引用），列序数为"2"，匹配条件为"FALSE"，然后单击"确定"按钮，如图 2-3-2 所示。

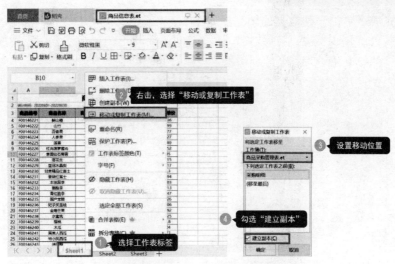

图 2-3-1　导入其他工作簿中的数据

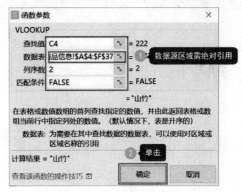

图 2-3-2　设置函数参数

>> ● **小提示**

### 设置绝对引用区域

　　本例中，选中"商品信息"工作表的 A4:F37 单元格区域，按**功能键 F4** 将该单元格区域设置为绝对引用。在使用自动填充功能复制公式时，可以使设置了绝对引用的单元格区域始终保持固定不变。

使用自动填充功能完成"商品名称"列数据的填充，如图 2-3-3 所示。

图 2-3-3　填充"商品名称"列数据

　　（2）同样使用 VLOOKUP 函数，按查找的"商品编码"值将"商品信息"工作表中的第 4 列数据"进货价格"的对应值返回到"采购明细"工作表的"单价"列中，并使用自动填充功能完成"单价"列数据的填充，如图 2-3-4 所示。

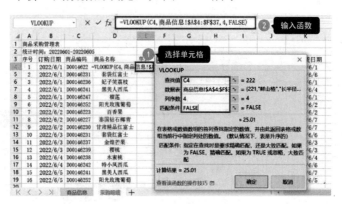

图 2-3-4　填充"单价"列数据

（3）使用同样的方法填充"渠道"列数据。"渠道"为"商品信息"工作表中对应的"商品划分归属"的值。手动输入商品的采购"数量"，如图 2-3-5 所示。

| 序号 | 订购日期 | 商品编码 | 商品名称 | 单价 | 数量 | 金额 | 渠道 | 已付款 | 未付款 | 要求到货日期 |
|---|---|---|---|---|---|---|---|---|---|---|
| | | | | 商品采购管理表 | | | | | | |
| | | | | 统计时间：20220601-20220605 | | | | | | |
| 1 | 2022/6/1 | D00146222 | 山竹 | 25.01 | 352.8 | | 进口 | | | 2022/6/1 |
| 2 | 2022/6/1 | D00146231 | 套袋红富士 | 12.54 | 1358.5 | | 长半径直采 | | | 2022/6/6 |
| 3 | 2022/6/1 | D00146236 | 妃子笑荔枝 | 16.42 | 1676.2 | | 富平 | | | 2022/6/1 |
| 4 | 2022/6/1 | D00146241 | 黑美人西瓜 | 2.7 | 980.6 | | 富平 | | | 2022/6/1 |
| 5 | 2022/6/1 | D00146247 | 榴莲 | 40.8 | 600 | | 进口 | | | 2022/6/1 |
| 6 | 2022/6/2 | D00146252 | 阳光玫瑰葡萄 | 13.81 | 600 | | 富平 | | | 2022/6/2 |
| 7 | 2022/6/2 | D00146223 | 百香果 | 24.42 | 505.5 | | 长半径直采 | | | 2022/6/2 |
| 8 | 2022/6/2 | D00146227 | 泰国钻石椰青 | 7.48 | 252.9 | | 自有品牌 | | | 2022/6/7 |
| 9 | 2022/6/2 | D00146230 | 甘肃精品红富士 | 14.61 | 1096.8 | | 富平 | | | 2022/6/7 |
| 10 | 2022/6/3 | D00146231 | 套袋红富士 | 12.54 | 1876 | | 长半径直采 | | | 2022/6/3 |
| 11 | 2022/6/3 | D00146237 | 金煌芒果 | 18.35 | 109.5 | | 富平 | | | 2022/6/3 |
| 12 | 2022/6/3 | D00146239 | 樱桃 | 83.91 | 80 | | 长半径直采 | | | 2022/6/3 |
| 13 | 2022/6/4 | D00146238 | 水蜜桃 | 14.83 | 312 | | 富平 | | | 2022/6/4 |
| 14 | 2022/6/4 | D00146242 | 特小凤西瓜 | 9.18 | 190 | | 长半径直采 | | | 2022/6/7 |
| 15 | 2022/6/5 | D00146241 | 黑美人西瓜 | 2.7 | 1056.7 | | 富平 | | | 2022/6/7 |
| 16 | 2022/6/5 | D00146252 | 阳光玫瑰葡萄 | 13.81 | 300 | | 富平 | | | 2022/6/5 |

图 2-3-5　填充"渠道"列数据和输入"数量"列数据

（4）计算"金额"列数据。选中 G4 单元格，输入自定义公式"=E4*F4"，求出商品的金额，如图 2-3-6 所示。使用自动填充功能向下复制函数，求出所有商品的金额数据。

（5）输入部分"已付款"列数据，使用自定义公式求出"未付款"列数据。选中 J4 单元格，输入自定义公式"=G4-I4"，求出未付款的金额，如图 2-3-7 所示。使用自动填充功能向下复制函数，求出所有商品的金额数据。

图 2-3-6　计算"金额"列数据

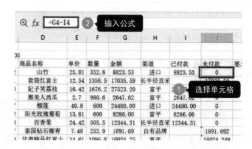

图 2-3-7　计算"未付款"列数据

（6）取消"未付款"列中的零值显示。单击"文件"菜单，选择"选项"命令，在打开的

"选项"对话框中单击"视图"选项卡，取消对"窗口选项"选区中"零值"复选框的勾选，然后单击"确定"按钮，这样工作表中的零值数据就不显示了，如图2-3-8所示。

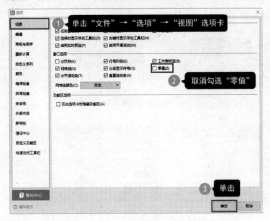

图 2-3-8　取消"零值"显示

### 3. 工作表格式设置

（1）设置标题格式。选中 A1:K1 单元格区域，单击"开始"选项卡中的"合并居中"按钮，设置标题字符格式为"微软雅黑、15、加粗"。

（2）设置"统计时间"格式。选中 A2:K2 单元格区域，单击"开始"选项卡中的"合并居中"按钮，设置标题字符格式为"微软雅黑、8"，字体颜色为"红色"，对齐方式为"左对齐"，如图2-3-9所示。

图 2-3-9　设置"统计时间"格式

（3）设置表格数据格式。选中 A3:K19 单元格区域，单击"开始"选项卡中的"表格样式"按钮，在弹出的"预设样式"下拉菜单中单击"中色系"选项卡，选择"表样式中等深浅 2"预设样式，为表格套用系统样式，如图2-3-10所示。

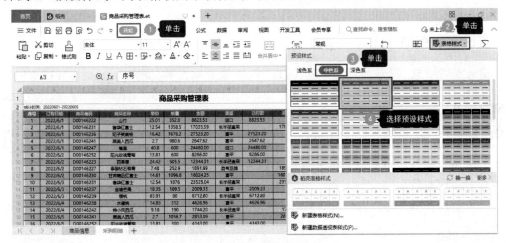

图 2-3-10　表格套用系统样式

（4）设置表格内容格式。设置字符格式为"微软雅黑、9"，表格列标题的对齐方式为"水平居中"；单击"所有框线"右侧的下拉按钮，在弹出的下拉菜单中选择"所有框线"选项，为表格添加框线，如图 2-3-11 所示。

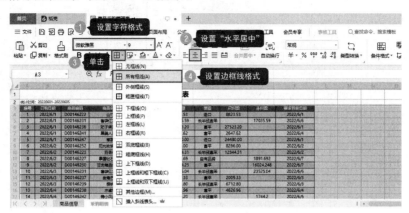

图 2-3-11　设置表格格式

## 四、实例效果

实例效果如图 2-3-12 所示。

### 商品采购管理表

统计时间：20220601-20220605

| 序号 | 订购日期 | 商品编码 | 商品名称 | 单价 | 数量 | 金额 | 渠道 | 已付款 | 未付款 | 要求到货日期 |
|---|---|---|---|---|---|---|---|---|---|---|
| 1 | 2022/6/1 | D00146222 | 山竹 | 25.01 | 352.8 | 8823.53 | 进口 | 8823.53 | | 2022/6/1 |
| 2 | 2022/6/1 | D00146231 | 套袋红富士 | 12.54 | 1358.5 | 17035.59 | 长半径直采 | | 17035.59 | 2022/6/6 |
| 3 | 2022/6/1 | D00146236 | 妃子笑荔枝 | 16.42 | 1676.2 | 27523.20 | 富平 | 27523.20 | | 2022/6/5 |
| 4 | 2022/6/1 | D00146241 | 黑美人西瓜 | 2.7 | 980.6 | 2647.62 | 富平 | 2647.62 | | 2022/6/4 |
| 5 | 2022/6/1 | D00146247 | 榴莲 | 40.8 | 600 | 24480.00 | 进口 | 24480.00 | | 2022/6/2 |
| 6 | 2022/6/2 | D00146252 | 阳光玫瑰葡萄 | 13.81 | 600 | 8286.00 | 富平 | 8286.00 | | 2022/6/2 |
| 7 | 2022/6/2 | D00146223 | 百香果 | 24.42 | 505.5 | 12344.31 | 长半径直采 | 12344.31 | | 2022/6/5 |
| 8 | 2022/6/2 | D00146227 | 泰国钻石椰青 | 7.48 | 252.9 | 1891.69 | 自有品牌 | | 1891.692 | 2022/6/7 |
| 9 | 2022/6/2 | D00146230 | 甘肃精品红富士 | 14.61 | 1096.8 | 16024.25 | 富平 | | 16024.248 | 2022/6/7 |
| 10 | 2022/6/3 | D00146231 | 套袋红富士 | 12.54 | 1876 | 23525.04 | 长半径直采 | | 23525.04 | 2022/6/6 |
| 11 | 2022/6/3 | D00146237 | 金煌芒果 | 18.35 | 109.5 | 2009.33 | 富平 | 2009.33 | | 2022/6/3 |
| 12 | 2022/6/3 | D00146239 | 樱桃 | 83.91 | 80 | 6712.80 | 长半径直采 | 6712.80 | | 2022/6/3 |
| 13 | 2022/6/4 | D00146238 | 水蜜桃 | 14.83 | 312 | 4626.96 | 富平 | 4626.96 | | 2022/6/3 |
| 14 | 2022/6/4 | D00146242 | 特小凤西瓜 | 9.18 | 190 | 1744.20 | 长半径直采 | | 1744.2 | 2022/6/6 |
| 15 | 2022/6/5 | D00146241 | 黑美人西瓜 | 2.7 | 1056.7 | 2853.09 | 富平 | | 2853.09 | 2022/6/7 |
| 16 | 2022/6/5 | D00146252 | 阳光玫瑰葡萄 | 13.81 | 300 | 4143.00 | 富平 | 4143.00 | | 2022/6/5 |

图 2-3-12　实例效果

## 五、实战模拟

跟着小丽学习，大家有没有掌握 VLOOKUP 函数呢？下面我们一起来实战模拟练习。

| 练习 | 制作一份"疫情防控承诺书" |
|---|---|

疫情期间超市为保证员工个人及广大顾客的人身健康，依照社区的防控要求做好应尽的义务与责任，现要对全体员工的健康状况予以确认登记。请你用 WPS 表格制作一份疫情防控承诺书，制作效果如图 2-3-13 所示。

**实战模拟**
**制作一份"疫情**
**防控承诺书"**

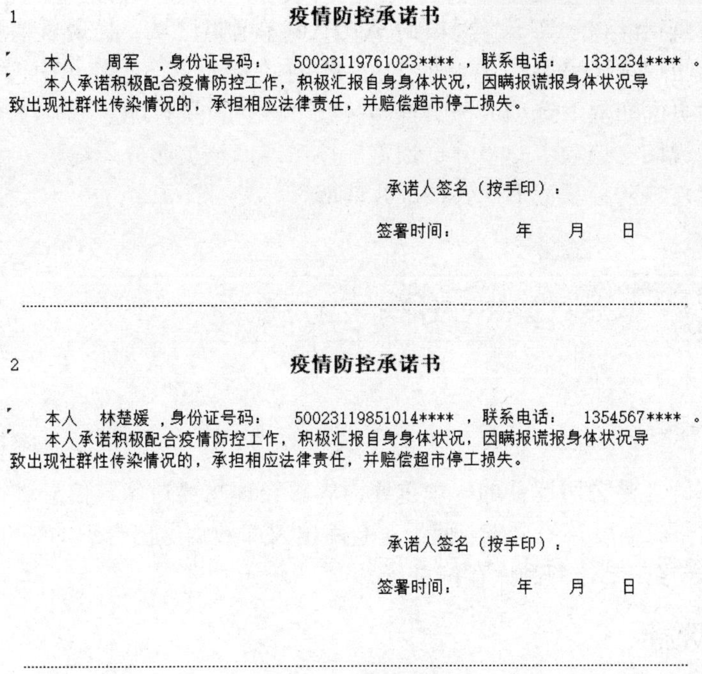
1
疫情防控承诺书
本人　周军　,身份证号码：　50023119761023****　，联系电话：　1331234****　。
本人承诺积极配合疫情防控工作，积极汇报自身身体状况，因瞒报谎报身体状况导
致出现社群性传染情况的，承担相应法律责任，并赔偿超市停工损失。
承诺人签名（按手印）：
签署时间：　年　月　日
2
疫情防控承诺书
本人　林楚媛　,身份证号码：　50023119851014****　，联系电话：　1354567****　。
本人承诺积极配合疫情防控工作，积极汇报自身身体状况，因瞒报谎报身体状况导
致出现社群性传染情况的，承担相应法律责任，并赔偿超市停工损失。
承诺人签名（按手印）：
签署时间：　年　月　日

图 2-3-13　制作效果

**制作要求：**

（1）创建“疫情防控承诺书.et”文件，新建“防疫承诺书打印”工作表，设计好“疫情防控承诺书”模板，如图 2-3-14 所示。

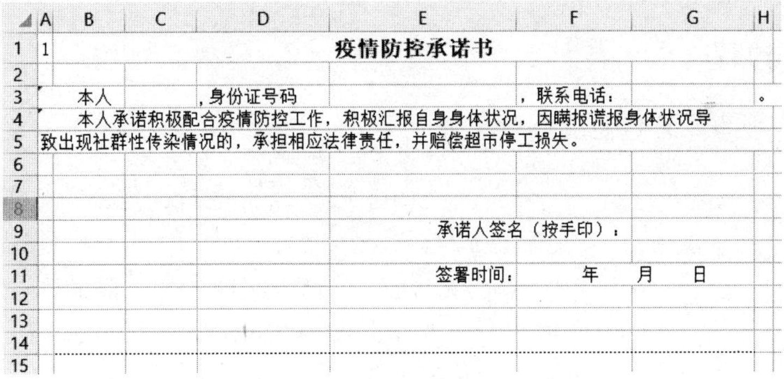
A B C D E F G H
1 1 疫情防控承诺书
2
3 本人 ,身份证号码 ，联系电话： 。
4 本人承诺积极配合疫情防控工作，积极汇报自身身体状况，因瞒报谎报身体状况导
5 致出现社群性传染情况的，承担相应法律责任，并赔偿超市停工损失。
6
7
8
9 承诺人签名（按手印）：
10
11 签署时间：　年　月　日
12
13
14
15

图 2-3-14　“疫情防控承诺书”模板

（2）使用 VLOOKUP 函数，从“员工信息表”中获取姓名、身份证号码和联系电话，如图 2-3-15 所示。

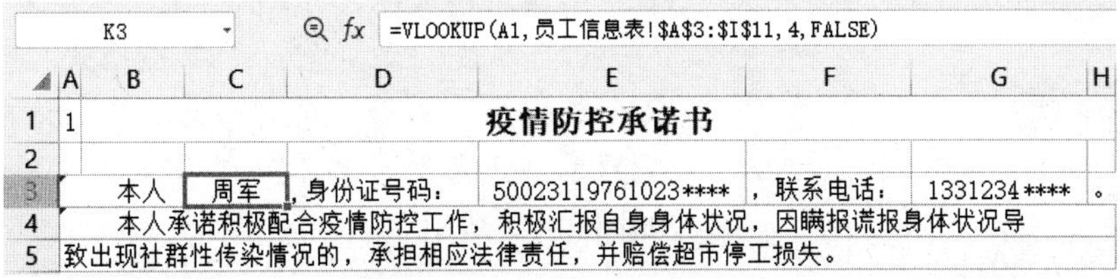
K3
fx
=VLOOKUP(A1,员工信息表!$A$3:$I$11,4,FALSE)
A B C D E F G H
1 1 疫情防控承诺书
2
3 本人 周军 ,身份证号码： 50023119761023**** ，联系电话： 1331234**** 。
4 本人承诺积极配合疫情防控工作，积极汇报自身身体状况，因瞒报谎报身体状况导
5 致出现社群性传染情况的，承担相应法律责任，并赔偿超市停工损失。

图 2-3-15　使用函数获取数据

(3）选中"疫情防控承诺书"模板的 A1:H16 单元格区域，使用自动填充功能生成所有员工的"疫情防控承诺书"。

（4）单击"页面布局"选项卡→"打印区域"→"设置打印区域"选项。

（5）单击"视图"选项卡→"分页预览"按钮，调整页面分隔线。

（6）打印"疫情防控承诺书"并按虚线裁剪。

# 实例四　制作商品库存信息表

**实例四**
**制作商品库存信息表**

## 一、实例背景

商品的库存管理是公司运营的一项重要内容。经理想要对库存信息进行更加规范的管理，安排小丽制作商品库存信息表，便于对仓库出入库数据做出合理的统计。接到任务后，小丽使用 WPS 表格来制作商品库存信息表。

## 二、实例分析

小丽整理了一下思路，准备从以下几个方面来完成任务。

（1）创建"入库"工作表和"出库"工作表。

（2）定义名称。

（3）对多张工作表数据进行合并计算。

（4）格式化数据和表格。

## 三、制作过程

### 1. 创建"商品库存信息表.et"文件

| | A | B | C | D | E |
|---|---|---|---|---|---|
| 1 | 鑫鑫水果超市商品入库明细表 | | | | |
| 2 | 仓库负责人：肖峰 | | | | |
| 3 | 统计时间：20220601-20220607 | | | | |
| 4 | 序号 | 日期 | 商品编号 | 商品名称 | 入库数量 |
| 5 | 1 | 2022/6/1 | 222 | | 352.8 |
| 6 | 2 | 2022/6/1 | 236 | | 1676.2 |
| 7 | 3 | 2022/6/1 | 247 | | 600 |
| 8 | 4 | 2022/6/2 | 252 | | 600 |
| 9 | 5 | 2022/6/2 | 223 | | 505.5 |
| 10 | 6 | 2022/6/3 | 237 | | 109.5 |
| 11 | 7 | 2022/6/3 | 239 | | 80 |
| 12 | 8 | 2022/6/4 | 241 | | 980.6 |
| 13 | 9 | 2022/6/4 | 238 | | 312 |
| 14 | 10 | 2022/6/5 | 252 | | 300 |
| 15 | 11 | 2022/6/6 | 231 | | 357.45 |
| 16 | 12 | 2022/6/6 | 242 | | 190 |
| 17 | 13 | 2022/6/6 | 231 | | 1876 |
| 18 | 14 | 2022/6/7 | 227 | | 252.9 |
| 19 | 15 | 2022/6/7 | 230 | | 1096.8 |
| 20 | 16 | 2022/6/7 | 241 | | 1056.7 |

图 2-4-1　编辑"入库"工作表数据

（1）通过已有素材创建新工作簿。打开"商品信息表.et"文件，单击"文件"菜单，选择"另存为"选项，修改文件名为"商品库存信息表.et"。

（2）双击"Sheet1"工作表标签，重命名为"商品信息"。

### 2. 创建"入库"工作表

（1）插入新工作表，重命名为"入库"，在工作表中编辑表格数据，如图 2-4-1 所示。

（2）设置"商品编号"列数据格式。选中 C5:C20 单元格区域，打开"单元格格式"对话框，设置该列数据格式为"自定义"，类型为""F00146"000"，如图 2-4-2 所示。

图 2-4-2 设置"商品编号"列数据格式

>> • 小提示

　　因为在"商品信息"工作表中设置了"商品编号"的数据格式为自定义格式""F00146"000",因此在"入库"工作表中也需要将商品编号列的数据设置为相同的数据格式。

　　（3）填充"商品名称"列数据。为"商品信息"工作表中的 A3:F37 单元格区域定义名称。选中"商品信息"工作表的 A3:F37 单元格区域，单击"公式"选项卡，然后单击"名称管理器"按钮，在打开的"名称管理器"对话框中单击"新建"按钮，打开"新建名称"对话框，输入名称为"商品信息"，其他参数保持默认，单击"确定"按钮，如图 2-4-3 所示。

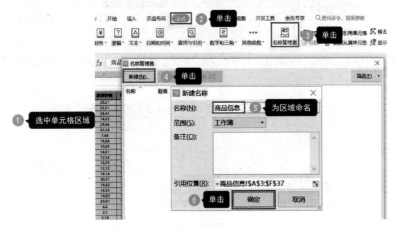

图 2-4-3 新建"商品信息"名称

　　选中"入库"工作表的 D5 单元格，单击"公式"选项卡中的"插入函数"按钮，打开"插入函数"对话框，选择"VLOOKUP"函数，在"函数参数"对话框中进行如图 2-4-4 所示的设置，并使用自动填充功能完成整列数据的填充。

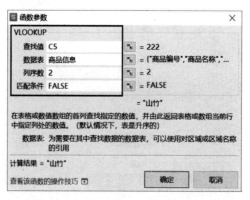

图 2-4-4  "函数参数"对话框

>> ● **小提示**

　　需要频繁使用某一单元格区域时，可在名称管理器中为该单元格区域定义名称，当需要引用该区域时，可以使用名称代替单元格区域。例如，本例中的数据表区域使用"商品信息"来表示"商品信息"工作表中的 A3:F37 单元格区域。

　　（4）格式化"入库"工作表。选中"入库"工作表的 A1:E1 单元格区域，单击"开始"选项卡中的"合并居中"按钮，设置标题字符格式为"微软雅黑、15、加粗"，如图 2-4-5 所示。

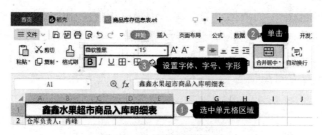

图 2-4-5  设置标题格式

　　选中 A2、A3 单元格，设置字符格式为"微软雅黑、8"，对齐方式为"左对齐"，如图 2-4-6 所示。

图 2-4-6  设置 A2、A3 单元格格式

　　选中 A:E 列，单击"开始"选项卡中的"行和列"按钮，在弹出的下拉菜单中选择"最适合的列宽"选项。调整 A 列的宽度，选中 A 列后右击，在弹出的快捷菜单中选择"列宽"选项，打开"列宽"对话框，设置列宽为"5 字符"，如图 2-4-7 所示。

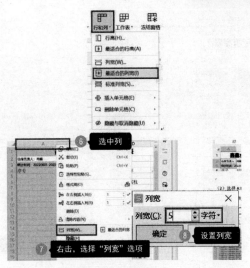

图 2-4-7　设置列宽

　　选中 A4:E20 单元格区域，单击"开始"选项卡中的"水平居中"按钮，将表格内容居中，设置字符格式为"微软雅黑、8"；单击"边框"右侧的下拉按钮，在弹出的下拉菜单中选择"所有框线"选项，如图 2-4-8 所示。

　　选中 A4:E4 单元格区域，设置列标题字符格式为"微软雅黑、11"，填充底纹颜色为"浅绿"，如图 2-4-9 所示。

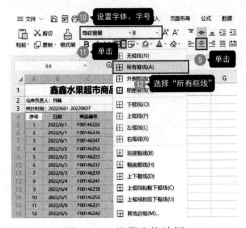

图 2-4-8　设置表格边框

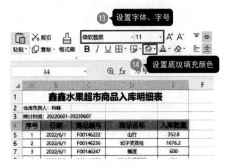

图 2-4-9　设置列标题字符格式

### 3. 创建"出库"工作表

　　（1）插入新工作表，参照创建"入库"工作表的方法创建"出库"工作表，效果如图 2-4-10 所示。

　　（2）选中 E5:E24 单元格区域后右击，在弹出的快捷菜单中选择"设置单元格格式"选项，打开"单元格格式"对话框，设置该单元格区域数据格式为"数值"，设置负数数值的显示格式为"带括号红色字体"，单击"确定"按钮，如图 2-4-11 所示。

图 2-4-10　"出库"工作表效果

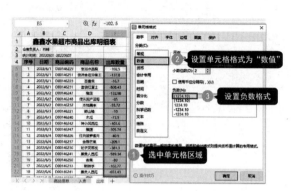

图 2-4-11　设置单元格格式

## 4. 创建"出入库汇总表"工作表

图 2-4-12　编辑表头数据

（1）插入新工作表，重命名为"出入库汇总表"。编辑表头数据，效果如图 2-4-12 所示。

（2）选中 A4 单元格，单击"数据"选项卡，然后单击"合并计算"按钮，如图 2-4-13 所示。

（3）打开"合并计算"对话框，在"函数"下拉列表中选择"求和"选项。单击"引用位置"文本框右侧的按钮 ，如图 2-4-14 所示。

图 2-4-13　设置合并计算

图 2-4-14　设置合并方式

（4）单击"入库"工作表，选中 A4:E20 单元格区域，单击按钮 返回"合并计算"对话框，单击"添加"按钮，完成第一个引用位置的添加，如图 2-4-15 所示。

（5）继续单击"引用位置"文本框右侧的按钮 ，添加"出库"工作表中的数据，单击"添加"按钮，完成第二个引用位置的添加，如图 2-4-16 所示。

（6）勾选"首行"和"最左列"复选框，单击"确定"按钮，完成合并计算，结果如图 2-4-17 所示。

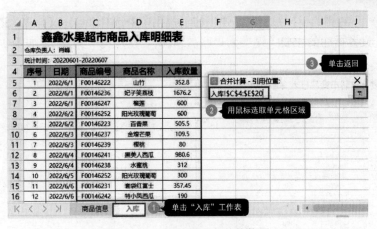

图 2-4-15　添加需要合并的数据

图 2-4-16　设置"合并计算"选项

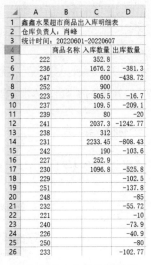

图 2-4-17　合并计算结果

（7）编辑"出入库汇总表"。在 A4 单元格输入文本"商品编码"；选中 A5:A26 单元格区域，设置该单元格区域数据格式为"自定义"，类型为""D00146"000"。选中 B5 单元格，单击"公式"选项卡中的"插入函数"按钮，打开"插入函数"对话框，选择"VLOOKUP"函数，在"函数参数"对话框中进行如图 2-4-18 所示的设置。使用自动填充功能完成整列数据的填充。

（8）格式化"出入库汇总表"。参考"入库"工作表和"出库"工作表的格式，对"出入库汇总表"进行格式化设置，效果如图 2-4-19 所示。

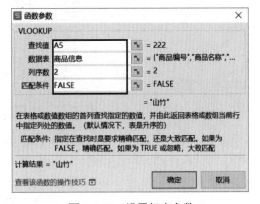

图 2-4-18　设置相应参数

（9）按"商品编码"对表格数据升序排序。选中 A4:D26 单元格区域，单击"数据"

选项卡中"排序"右侧的下拉按钮，在弹出的下拉菜单中选择"自定义排序"选项，打开"排序"对话框，设置排序的主要关键字为"商品编码"，次序为"升序"，如图 2-4-20 所示。

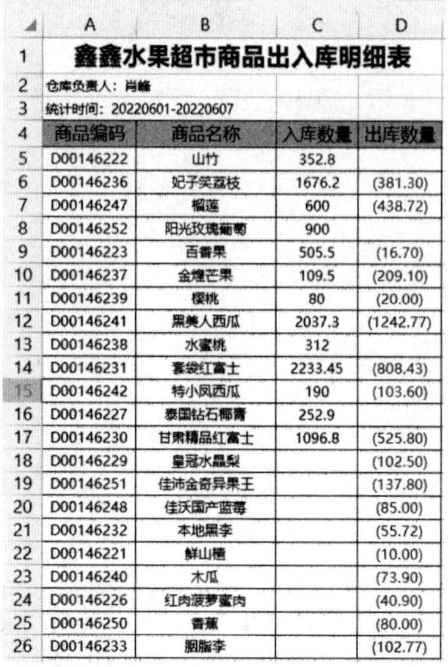

| 商品编码 | 商品名称 | 入库数量 | 出库数量 |
|---|---|---|---|
| D00146222 | 山竹 | 352.8 | |
| D00146236 | 妃子笑荔枝 | 1676.2 | (381.30) |
| D00146247 | 榴莲 | 600 | (438.72) |
| D00146252 | 阳光玫瑰葡萄 | 900 | |
| D00146223 | 百香果 | 505.5 | (16.70) |
| D00146237 | 金煌芒果 | 109.5 | (209.10) |
| D00146239 | 樱桃 | 80 | (20.00) |
| D00146241 | 黑美人西瓜 | 2037.3 | (1242.77) |
| D00146238 | 水蜜桃 | 312 | |
| D00146231 | 赛袋红富士 | 2233.45 | (808.43) |
| D00146242 | 特小凤西瓜 | 190 | (103.60) |
| D00146227 | 泰国钻石椰青 | 252.9 | |
| D00146230 | 甘肃精品红富士 | 1096.8 | (525.80) |
| D00146229 | 皇冠水晶梨 | | (102.50) |
| D00146251 | 佳沛金奇异果王 | | (137.80) |
| D00146248 | 佳沃国产蓝莓 | | (85.00) |
| D00146232 | 本地黑李 | | (55.72) |
| D00146221 | 鲜山楂 | | (10.00) |
| D00146240 | 木瓜 | | (73.90) |
| D00146226 | 红肉菠萝蜜肉 | | (40.90) |
| D00146250 | 香蕉 | | (80.00) |
| D00146233 | 胭脂李 | | (102.77) |

图 2-4-19　格式化后的"出入库汇总表"效果

图 2-4-20　设置数据升序排序

## 四、实例效果

实例效果如图 2-4-21 所示。

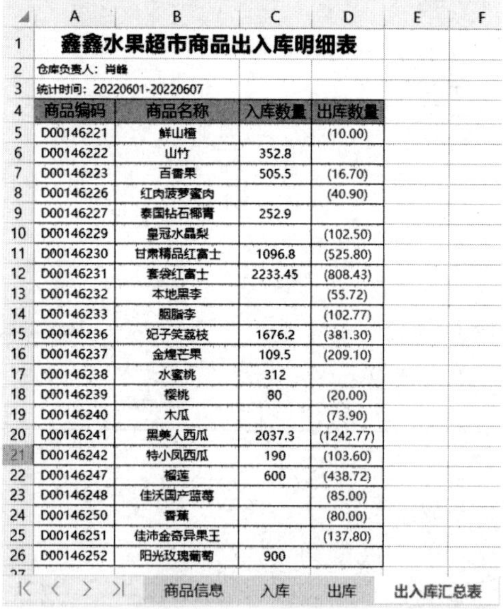

| 商品编码 | 商品名称 | 入库数量 | 出库数量 |
|---|---|---|---|
| D00146221 | 鲜山楂 | | (10.00) |
| D00146222 | 山竹 | 352.8 | |
| D00146223 | 百香果 | 505.5 | (16.70) |
| D00146226 | 红肉菠萝蜜肉 | | (40.90) |
| D00146227 | 泰国钻石椰青 | 252.9 | |
| D00146229 | 皇冠水晶梨 | | (102.50) |
| D00146230 | 甘肃精品红富士 | 1096.8 | (525.80) |
| D00146231 | 赛袋红富士 | 2233.45 | (808.43) |
| D00146232 | 本地黑李 | | (55.72) |
| D00146233 | 胭脂李 | | (102.77) |
| D00146236 | 妃子笑荔枝 | 1676.2 | (381.30) |
| D00146237 | 金煌芒果 | 109.5 | (209.10) |
| D00146238 | 水蜜桃 | 312 | |
| D00146239 | 樱桃 | 80 | (20.00) |
| D00146240 | 木瓜 | | (73.90) |
| D00146241 | 黑美人西瓜 | 2037.3 | (1242.77) |
| D00146242 | 特小凤西瓜 | 190 | (103.60) |
| D00146247 | 榴莲 | 600 | (438.72) |
| D00146248 | 佳沃国产蓝莓 | | (85.00) |
| D00146250 | 香蕉 | | (80.00) |
| D00146251 | 佳沛金奇异果王 | | (137.80) |
| D00146252 | 阳光玫瑰葡萄 | 900 | |

商品信息　入库　出库　出入库汇总表

图 2-4-21　实例效果

## 五、实战模拟

跟着小丽学习，大家有没有掌握表格数据的合并计算呢？下面我们一起来实战模拟练习。

## 练 习　制作"5 月份销售汇总表"

实战模拟
制作"5 月份
销售汇总表"

**5月份销量汇总表**

| 商品编号 | 商品名称 | 销售数量 |
|---|---|---|
| F00146230 | 甘肃精品红富士 | 1166 |
| F00146231 | 套袋红富士 | 909 |
| F00146229 | 皇冠水晶梨 | 763 |
| F00146224 | 人参果 | 609 |
| F00146221 | 鲜山楂 | 499 |
| F00146222 | 山竹 | 495 |
| F00146237 | 金煌芒果 | 423 |
| F00146223 | 百香果 | 391 |
| F00146226 | 红肉菠萝蜜肉 | 233 |
| F00146225 | 莲雾 | 221 |
| F00146228 | 湿花生 | 133 |
| F00146236 | 妃子笑荔枝 | 131 |
| F00146227 | 泰国钻石椰青 | 131 |

图 2-4-22　汇总效果

为了更好地制订新阶段的销售计划，需要对前期的销售数据进行汇总。请你使用合并计算功能将 5 月份的销售数据进行汇总，汇总效果如图 2-4-22 所示。

**制作要求：**

（1）打开素材"5 月份销售汇总表.et"文件。

（2）新建"5 月份销量汇总"工作表。

（3）使用"合并计算"汇总功能，汇总 5 月份上旬、中旬和下旬的销售情况。

（4）格式化"5 月份销量汇总"工作表。

（5）按关键字"销售数量"降序排序表格数据。

 ## 实例五　制作进销存统计表

实例五
制作进销存统计表

### 一、实例背景

对产品的进货、销售和库存进行有效的管理，不仅可以实现数据之间的共享，还能对数据进行汇总和分析。经理安排小丽制作进销存统计表，以促进企业的快速发展。接到任务后，小丽使用 WPS 表格来制作进销存统计表。

### 二、实例分析

小丽整理了一下思路，准备从以下几个方面来完成任务。

（1）使用函数从基础表提取数据。

（2）格式化数据和表格。

（3）使用条件格式凸显数据。

### 三、制作过程

1．编辑"进销存统计"工作表

（1）计算"库存额"列数据。库存额=上月库存余量×进货价格。选中 E5 单元格，输入公式"=D5*VLOOKUP(A5,商品信息!\$A\$3:\$F\$37,4,FALSE)"，如图 2-5-1 所示，并使用自动填充功能完成整列数据的填充。

图 2-5-1　计算"库存额"列数据

（2）计算"本月入库额"列数据。本月入库额=本月入库量×进货价格。选中 G5 单元格，输入公式"=F5*VLOOKUP(A5,商品信息!$A$3:$F$37,4,FALSE)"，并使用自动填充功能完成整列数据的填充。

（3）填充"本月销售量"列数据。切换至"6 月份销售情况"工作表，使用合并计算功能统计出各商品的销量合计。选中 K4 单元格，单击"数据"选项卡，然后单击"合并计算"按钮，如图 2-5-2 所示。

图 2-5-2　合并计算

打开"合并计算"对话框，在"函数"下拉菜单中选择合并方式为"求和"；单击"引用位置"文本框右侧的按钮 ，选中 A4:H106 单元格区域，单击"添加"按钮，将选择的数据区域添加到"所有引用位置"列表框中，然后勾选"首行"和"最左列"复选框，单击"确定"按钮，如图 2-5-3 所示。

返回工作表，完成合并计算，汇总后的数据如图 2-5-4 所示。

图 2-5-3　设置合并计算

| | K | L | M | N | O | P | Q | R |
|---|---|---|---|---|---|---|---|---|
| | | 商品名称 | 进货价格 | 销售单价 | 门店 | 销量 | 销售额 | 利润 |
| 221 | | | 60.63 | 70.08 | | 24.42 | 570.45 | 76.93 |
| 241 | | | 8.1 | 11.13 | | 3564.72 | 13225.12 | 3600.36 |
| 231 | | | 37.62 | 44.82 | | 6332.1 | 94601.58 | 15197.04 |
| 233 | | | 36.36 | 42.39 | | 632.43 | 8936.23 | 1271.19 |
| 232 | | | 48.09 | 57.09 | | 521.28 | 9919.96 | 1563.84 |
| 254 | | | 22.2 | 32.79 | | 1289.67 | 14096.09 | 4552.53 |
| 240 | | | 19.8 | 21.12 | | 1101.78 | 7756.52 | 484.79 |
| 222 | | | 75.03 | 101.97 | | 1281.48 | 43557.5 | 11507.69 |
| 248 | | | 26.7 | 29.88 | | 1680 | 16732.8 | 1780.8 |
| 247 | | | 122.4 | 143.01 | | 2050.26 | 97735.89 | 14085.28 |
| 235 | | | 90.93 | 99.78 | | 53.37 | 1775.08 | 157.44 |
| 229 | | | 32.07 | 39.51 | | 1533.24 | 20192.77 | 3802.44 |
| 246 | | | 30.36 | 41.64 | | 114.63 | 1591.07 | 431 |
| 250 | | | 19.98 | 24.78 | | 241.65 | 1996.03 | 386.64 |
| 230 | | | 43.83 | 51.9 | | 3503.34 | 60607.79 | 9423.99 |
| 226 | | | 129.72 | 142.56 | | 417.57 | 19842.93 | 1787.2 |

图 2-5-4　汇总后的数据

切换至"进销存统计"工作表，选中 H5 单元格，输入公式"=VLOOKUP(A5,'6 月份销售情况'!$K$4:$R$38,6,FALSE)"，如图 2-5-5 所示，并使用自动填充功能完成整列数据的填充。

图 2-5-5　计算"本月销售量"列数据

（4）计算"本月销售额"列数据。本月销售额=本月销售量×销售单价。选中 I5 单元格，输入公式"=H5*VLOOKUP(A5,商品信息!$A$3:$F$37,6,FALSE)"，如图 2-5-6 所示，并使用自动填充功能完成整列数据的填充。

图 2-5-6　计算"本月销售额"列数据

（5）计算"本月库存余量"列数据。本月库存余量=上月库存余量+本月入库量-本月销售量。选中 J5 单元格，输入公式"=D5+F5-H5"，如图 2-5-7 所示，并使用自动填充功能完成整列数据的填充。

图 2-5-7　计算"本月库存余量"列数据

（6）计算"本月库存额"列数据。本月库存额=本月库存余量×进货价格。选中 K5 单元格，输入公式"=J5*VLOOKUP(A5,商品信息!$A$3:$F$37,4,FALSE)"，如图 2-5-8 所示，并使用自动填充功能完成整列数据的填充。

图 2-5-8　计算"本月库存额"列数据

## 2. 格式化"进销存统计"工作表

（1）将表格的列标题字符格式设置为"微软雅黑、11、加粗"，对齐方式设置为"水平居中"，填充颜色设置为"浅绿"，字体颜色设置为"白色，背景 1"。

（2）为 A4:K38 单元格区域设置边框，其中外边框为粗实线，内边框为细实线。

（3）将"商品名称""单位""上月库存余量""本月入库量""本月销售量""本月库存余量"列的数据设置为居中对齐。

（4）将"库存额""本月入库额""本月销售额""本月库存额"列的数据设置为"会计专用"格式，货币符号设置为"无"，小数位数设置为"0"。

格式化后的"进销存统计"工作表效果如图 2-5-9 所示。

## 3. 突出显示"本月库存余量"

（1）在"本月库存余量"列后新增"百分比"列。选中 K 列后右击，在弹出的快捷菜单中选择"在左侧插入列 1"选项，如图 2-5-10 所示，并将列标题名设置为"百分比"。

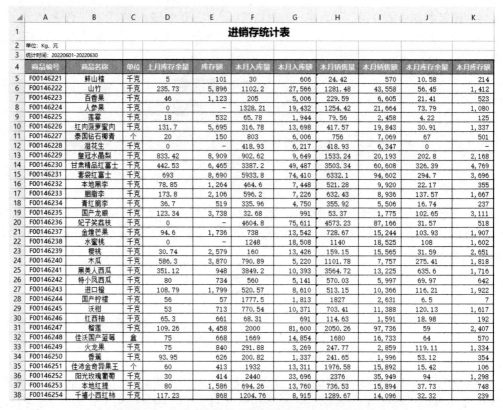

图 2-5-9　格式化后的"进销存统计"工作表效果

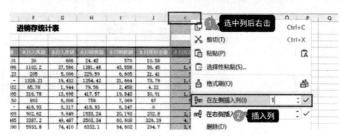

图 2-5-10　新增"百分比"列

（2）选中 K5 单元格，输入公式"=J5/H5"，单元格格式设置为"百分比"，不保留小数，如图 2-5-11 所示，并使用自动填充功能完成整列数据的填充。

图 2-5-11　填充"百分比"列

（3）选中 K5:K38 单元格区域，单击"开始"选项卡中的"条件格式"按钮，在弹出的下拉菜单中选择"图标集"子菜单中的"三标志"选项，为"百分比"列的数据添加图标符号，使数据更直观，如图 2-5-12 所示。

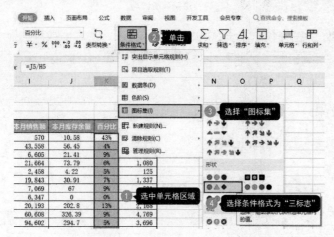

图 2-5-12 设置"百分比"列格式

（4）编辑"百分比"列图标的条件格式。单击"开始"选项卡中的"条件格式"按钮，在弹出的下拉菜单中选择"管理规则"选项，打开"条件格式规则管理器"对话框。选中刚才创建的图标集规则，单击"编辑规则"按钮，如图 2-5-13 所示。

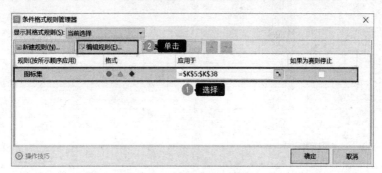

图 2-5-13 编辑条件格式

（5）打开"编辑规则"对话框，设置如图 2-5-14 所示。

图 2-5-14 设置编辑规则

>> 小提示

条件格式的作用是将数据按设定的格式显示出来，使表格数据的显示更加直观。本实例中，当库存低于 5%时，以红色菱形图标显示，可以起到警示作用。

## 四、实例效果

实例效果如图 2-5-15 所示。

| | A | B | C | D | E | F | G | H | I | J | K | L |
|---|---|---|---|---|---|---|---|---|---|---|---|---|
| 1 | 进销存统计表 | | | | | | | | | | | |
| 2 | 单位：Kg、元 | | | | | | | | | | | |
| 3 | 统计时间：20220601-20220630 | | | | | | | | | | | |
| 4 | 商品编号 | 商品名称 | 单位 | 上月库存余量 | 库存额 | 本月入库量 | 本月入库额 | 本月销售量 | 本月销售额 | 本月库存余量 | 百分比 | 本月库存额 |
| 5 | F00146221 | 鲜山楂 | 千克 | 5 | 101 | 30 | 606 | 24.42 | 570 | 10.58 | ● | 214 |
| 6 | F00146222 | 山竹 | 千克 | 235.73 | 5,896 | 1102.2 | 27,566 | 1281.48 | 43,558 | 56.45 | ◆ | 1,412 |
| 7 | F00146223 | 百香果 | 千克 | 46 | 1,123 | 205 | 5,006 | 229.59 | 6,605 | 21.41 | ▲ | 523 |
| 8 | F00146224 | 人参果 | 千克 | 0 | - | 1328.21 | 19,432 | 1254.42 | 21,664 | 73.79 | ▲ | 1,080 |
| 9 | F00146225 | 莲雾 | 千克 | 18 | 532 | 65.78 | 1,944 | 79.56 | 2,458 | 4.22 | ▲ | 125 |
| 10 | F00146226 | 红肉菠萝蜜肉 | 千克 | 131.7 | 5,695 | 316.78 | 13,698 | 417.57 | 19,843 | 30.91 | ▲ | 1,337 |
| 11 | F00146227 | 泰国钻石椰青 | 个 | 20 | 150 | 803 | 6,006 | 756 | 7,069 | 67 | ▲ | 501 |
| 12 | F00146228 | 湿花生 | 千克 | 0 | - | 418.93 | 6,217 | 418.93 | 6,347 | 0 | ◆ | - |
| 13 | F00146229 | 皇冠水晶梨 | 千克 | 833.42 | 8,909 | 902.62 | 9,649 | 1533.24 | 20,193 | 202.8 | ▲ | 2,168 |
| 14 | F00146230 | 甘肃精品红富士 | 千克 | 442.53 | 6,465 | 3387.2 | 49,487 | 3503.34 | 60,608 | 326.39 | ▲ | 4,769 |
| 15 | F00146231 | 套袋红富士 | 千克 | 693 | 8,690 | 5933.8 | 74,410 | 6332.1 | 94,602 | 294.7 | ◆ | 3,696 |
| 16 | F00146232 | 本地黑李 | 千克 | 78.85 | 1,264 | 464.6 | 7,448 | 521.28 | 9,920 | 22.17 | ◆ | 355 |
| 17 | F00146233 | 胭脂李 | 千克 | 173.8 | 2,106 | 596.2 | 7,226 | 632.43 | 8,936 | 137.57 | ▲ | 1,667 |
| 18 | F00146234 | 青红脆李 | 千克 | 36.7 | 519 | 335.96 | 4,750 | 355.92 | 5,506 | 16.74 | ◆ | 237 |
| 19 | F00146235 | 国产龙眼 | 千克 | 123.34 | 3,738 | 32.68 | 991 | 53.37 | 1,775 | 102.65 | ● | 3,111 |
| 20 | F00146236 | 妃子笑荔枝 | 千克 | 0 | - | 4604.8 | 75,611 | 4573.23 | 87,166 | 31.57 | ◆ | 518 |
| 21 | F00146237 | 金煌芒果 | 千克 | 94.6 | 1,736 | 738 | 13,542 | 728.67 | 15,244 | 103.93 | ▲ | 1,907 |
| 22 | F00146238 | 水蜜桃 | 千克 | 0 | - | 1248 | 18,508 | 1140 | 18,525 | 108 | ▲ | 1,602 |
| 23 | F00146239 | 樱桃 | 千克 | 30.74 | 2,579 | 160 | 13,426 | 159.15 | 15,565 | 31.59 | ▲ | 2,651 |
| 24 | F00146240 | 木瓜 | 千克 | 586.3 | 3,870 | 790.89 | 5,220 | 1101.78 | 7,757 | 275.41 | ▲ | 1,818 |
| 25 | F00146241 | 黑美人西瓜 | 千克 | 351.12 | 948 | 3849.2 | 10,393 | 3564.72 | 13,225 | 635.6 | ▲ | 1,716 |
| 26 | F00146242 | 特小凤西瓜 | 千克 | 80 | 734 | 560 | 5,141 | 570.03 | 5,997 | 69.97 | ▲ | 642 |
| 27 | F00146243 | 进口橙 | 千克 | 108.79 | 1,799 | 520.57 | 8,610 | 513.15 | 10,366 | 116.21 | ▲ | 1,922 |
| 28 | F00146244 | 国产柠檬 | 千克 | 56 | 57 | 1777.5 | 1,813 | 1827 | 2,631 | 6.5 | ◆ | 7 |
| 29 | F00146245 | 沃柑 | 千克 | 53 | 713 | 770.54 | 10,371 | 703.41 | 11,388 | 120.13 | ▲ | 1,617 |
| 30 | F00146246 | 红西柚 | 千克 | 65.3 | 661 | 68.31 | 691 | 114.63 | 1,591 | 18.98 | ▲ | 192 |
| 31 | F00146247 | 榴莲 | 千克 | 109.26 | 4,458 | 2000 | 81,600 | 2050.26 | 97,736 | 59 | ◆ | 2,407 |
| 32 | F00146248 | 佳沃国产蓝莓 | 盒 | 75 | 668 | 1669 | 14,854 | 1680 | 16,733 | 64 | ◆ | 570 |
| 33 | F00146249 | 火龙果 | 千克 | 75 | 840 | 291.88 | 3,269 | 247.77 | 2,859 | 119.11 | ● | 1,334 |
| 34 | F00146250 | 香蕉 | 千克 | 93.95 | 626 | 200.82 | 1,337 | 241.65 | 1,996 | 53.12 | ▲ | 354 |
| 35 | F00146251 | 佳沛金奇异果王 | 个 | 60 | 413 | 1932 | 13,311 | 1976.58 | 15,892 | 15.42 | ◆ | 106 |
| 36 | F00146252 | 阳光玫瑰葡萄 | 千克 | 30 | 414 | 2440 | 33,696 | 2376 | 35,949 | 94 | ◆ | 1,298 |
| 37 | F00146253 | 本地红提 | 千克 | 80 | 1,586 | 694.26 | 13,760 | 736.53 | 15,894 | 37.73 | ▲ | 748 |
| 38 | F00146254 | 千禧小西红柿 | 千克 | 117.23 | 868 | 1204.76 | 8,915 | 1289.67 | 14,096 | 32.32 | ◆ | 239 |

图 2-5-15　实例效果

## 五、实战模拟

跟着小丽学习，大家有没有掌握电子表格的数据计算和条件格式设置呢？下面我们一起来实战模拟练习。

### 练 习　制作一份“职工奖金表”

实战模拟
制作一份“职工奖金表”

为促进职工的工作积极性，提高工作效率，本着奖优罚劣的原则，鑫鑫超市为员工制定了奖金制度。请你制作一份职工奖金表，制作效果如图 2-5-16 所示。

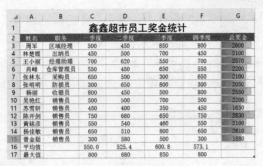

图 2-5-16　制作效果

**制作要求：**

（1）在第 1 行的前面插入一行，并输入标题文字"鑫鑫超市员工奖金统计"。将 A1:G1 单元格区域合并后居中，字体设为"黑体"，字号为"18"。

（2）在 G3:G15 单元格区域，用函数计算出 4 个季度的总奖金。

（3）分别用函数计算 1～4 季度的平均奖金，结果存放在 C16:F16 单元格区域，并设置单元格格式为"数值"型，保留 1 位小数。

（4）分别用函数计算 1～4 季度的最大奖金，结果存放在 C17:F17 单元格区域。

（5）将 A2:G15 单元格区域按主关键字"总奖金"降序、次关键字"姓名"的笔画升序方式排序。

（6）为 G3:G15 单元格区域设置条件格式为"数据条"→"渐变填充"→"红色数据条"。

（7）为 A2:G17 单元格区域套用表格样式"表样式浅色 9"。

 # 实例六　制作商品信息查询表

**实例六**
**制作商品信息查询表**

## 一、实例背景

为了解商品的情况，更好地掌握商品的动态信息，经理安排小丽制作一张商品信息查询表，以提高商品的管理和经营效率及效益。接到任务后，小丽使用 WPS 表格来制作商品信息查询表。

## 二、实例分析

小丽整理了一下思路，准备从以下几个方面来完成这项任务。

（1）对数据进行筛选。

（2）对数据进行排序。

（3）编辑"商品信息查询表.et"文件。

## 三、制作过程

1．使用筛选功能查询数据

查询三号店红富士的销售情况。

（1）打开"商品信息查询表.et"文件。复制"6月份销售情况"工作表并重命名为"三号店红富士的销售情况"。选中 A4:H4 单元格区域，单击"开始"选项卡，然后单击"筛选"右侧的下拉按钮，在弹出的下拉菜单中选择"筛选"选项。单击列标题"门店"右侧的下拉按钮，弹出下拉列表，在列表框中可看见众多条件选项，如图 2-6-1 和图 2-6-2 所示。

图 2-6-1　筛选数据

图 2-6-2　筛选按钮

（2）在列表框中勾选"三号店"复选框，单击"确定"按钮，如图 2-6-3 所示，返回工作表，得到三号店的销售数据。

（3）单击列标题"商品名称"右侧的下拉按钮，弹出下拉列表。在搜索框中输入关键字"红富士"，列表将自动显示商品名称中包含"红富士"的搜索结果，勾选需要的商品，单击"确定"按钮，如图 2-6-4 所示。

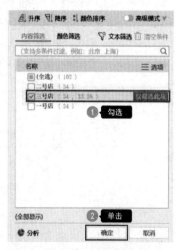

图 2-6-3　筛选数据

图 2-6-4　使用关键词筛选数据

　　（4）返回工作表，筛选结果即三号店红富士的销售情况，如图2-6-5所示。

| | A | B | C | D | E | F | G | H |
|---|---|---|---|---|---|---|---|---|
| 1 | | | | **商品销售情况表** | | | | |
| 2 | 单位：Kg、元 | | | | | | | |
| 3 | 统计时间：20220601-20220630 | | | | | | | |
| 4 | 商品编号 | 商品名称 | 进货价 | 销售单 | 门店 | 销量 | 销售额 | 利润 |
| 7 | F00146231 | 套袋红富士 | 12.54 | 14.94 | 三号店 | 2163.83 | 32327.62 | 5193.19 |
| 22 | F00146230 | 甘肃精品红富士 | 14.61 | 17.3 | 三号店 | 703.26 | 12166.4 | 1891.77 |

图 2-6-5　筛选结果

**2. 对筛选的数据进行排序整理**

　　查询本月销售量排名前五的商品并按销售量降序排序。

　　（1）复制"进销存统计"工作表并重命名为"本月销售量前五"。选中 A4:L4 单元格区域，单击"开始"选项卡中的"筛选"按钮，打开筛选状态。单击列标题"本月销售量"右侧的下拉按钮，在弹出的下拉菜单中选择"前十项"选项，单击"确定"按钮，如图 2-6-6 所示。

　　（2）打开"自动筛选前 10 个"对话框，在"最大"后的文本框中输入"5"，单击"确定"按钮，如图 2-6-7 所示。

图 2-6-6　选择筛选内容

图 2-6-7　设置筛选条件

　　（3）返回工作表，得到销售量排名前五的商品信息，如图 2-6-8 所示。

　　（4）再次单击列标题"本月销售量"右侧的下拉按钮，在弹出的下拉菜单中选择"降序"选项，如图 2-6-9 所示。

图 2-6-8　筛选结果

图 2-6-9　选择排序方式

（5）返回工作表，即可查询到本月销售量排名前五的商品的数据，并按销售量降序排序，排序结果如图 2-6-10 所示。

图 2-6-10　排序结果

## 3. 编辑商品信息查询表

（1）切换至"商品信息查询"工作表，设置查询条件。选中 D5 单元格，单击"数据"选项卡中的"有效性"按钮，打开"数据有效性"对话框，按如图 2-6-11 所示进行设置，单击"确定"按钮返回工作表。

（2）在 D5 单元格的下拉列表中选择一个商品编号，如图 2-6-12 所示。

图 2-6-11　设置数据有效性

图 2-6-12　已设置数据有效性的单元格

（3）选中 B9 单元格，输入公式"=D5"，填入查询的商品编号，如图 2-6-13 所示。

（4）使用 VLOOKUP 函数从"商品信息"和"进销存统计"工作表中获取查询表上各字段的值，如图 2-6-14 所示。

图 2-6-13　填入商品编号

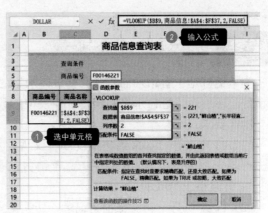

图 2-6-14　查找"商品编号"对应的"商品名称"值

## 四、实例效果

实例效果如图 2-6-15、图 2-6-16 和图 2-6-17 所示。

图 2-6-15　实例效果 1

图 2-6-16　实例效果 2

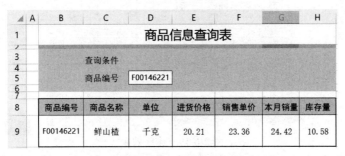

图 2-6-17　实例效果 3

## 五、实战模拟

跟着小丽学习，大家有没有掌握表格数据的排序与筛选呢？下面我们一起来实战模拟练习。

| 练 习 | 进口水果销售数据分析 |
|---|---|

为了更好地了解市场需求，调整进口水果的销售策略，提高进口水果的销量，请你对"进口水果销售情况"表中的数据进行分析。

**制作要求：**

（1）打开"进口水果销售情况.et"文件。将"销售情况"工作表复制三份，分别重命名为"6月下旬蓝莓销售记录""单价和销售额排序""单价介于30至70且销售额小于100的记录"。

（2）筛选6月下旬蓝莓销售记录。切换至"6月下旬蓝莓销售记录"工作表，打开筛选状态，设置"销售日期"列的日期筛选格式为"之后"，"在以下日期之后"右侧的下拉列表中选择"2022/6/19"选项，筛选效果如图2-6-18所示。

图 2-6-18　筛选效果

（3）按"单价"和"销售额"排序。切换至"单价和销售额排序"工作表，打开"自定义排序"对话框，设置排序的主要关键字为"单价"，次要关键字为"销售额"，排序效果如图2-6-19所示。

图 2-6-19　排序效果

（4）筛选单价介于30至70且销售额小于100的记录。切换至"单价介于30至70且销售额小于 100 的记录"工作表,打开筛选状态,设置"单价"列的数字筛选格式为"介于",在"自定义自动筛选方式"对话框中设置单价为"大于或等于 30"  "小于或等于 70",筛选效果如图 2-6-20 所示。

| | A | B | C | D | E | F | G |
|---|---|---|---|---|---|---|---|
| 1 | | | 进口水果销售情况 | | | | |
| 2 | 销售日期 | 产品名称 | 品牌 | 单位 | 销售数 | 单价 | 销售额 |
| 3 | 2022/6/12 | 红肉菠萝蜜肉 | 顺济 | 千克 | 1.2 | 58.8 | 70.56 |
| 10 | 2022/6/15 | 秘鲁蓝莓 | 佳沃 | 盒 | 2 | 35.5 | 71.00 |
| 12 | 2022/6/16 | 红肉菠萝蜜肉 | 顺济 | 千克 | 0.56 | 58.8 | 32.93 |
| 17 | 2022/6/22 | 红肉菠萝蜜肉 | 顺济 | 千克 | 1.43 | 58.8 | 84.08 |

图 2-6-20 筛选效果

## 实例七 制作商品销售情况分析图

实例七
制作商品销售
情况分析图

### 一、实例背景

超市在运营过程中要时刻关注产品的销售情况,以便分析市场的需求量。经理安排小丽制作商品销售情况分析图,为制订销售计划提供依据。接到任务后,小丽使用 WPS 表格来制作商品销售情况分析图。

### 二、实例分析

小丽整理了一下思路,准备从以下几个方面来完成任务。
(1)创建"商品销售情况"工作表的框架。
(2)使用函数计算表格数据。
(3)对数据进行分类汇总。
(4)用图表的方式呈现数据。

### 三、制作过程

1. 编辑"商品销售情况"工作表

打开"商品销售情况.et"文件。

(1)为商品信息数据定义名称。切换至"商品信息"工作表,选中 A3:F37 单元格区域,单击"公式"选项卡中的"名称管理器"按钮,然后单击"新建"按钮,打开"新建名称"对话框,输入名称"商品信息",其他参数保持默认,如图 2-7-1 所示。

图 2-7-1 给"商品信息"数据定义名称

(2)打开"商品销售情况"工作表,新增"进货价格"、"销售单价"、"销售额"和"利润"列,如图 2-7-2 所示。

(3)填充"进货价格"列数据。商品的"进货价格"在"商品信息"工作表的第 4 列中，使用 VLOOKUP 函数获取。选中 C5 单元格，输入函数"=VLOOKUP(A5,商品信息,4, FALSE)"，如图 2-7-3 所示，并使用自动填充功能完成整列数据的填充。

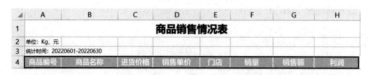

图 2-7-2　新增列

（4）填充"销售单价"列数据。如图 2-7-4 所示，同样使用 VLOOKUP 函数和自动填充功能，填充"销售单价"列数据。

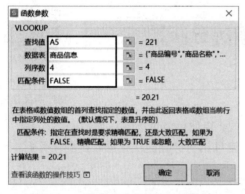

图 2-7-3　填充"进货价格"列数据

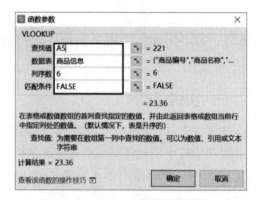

图 2-7-4　填充"销售单价"列数据

（5）填充"销售额"列数据。选中 G5 单元格，输入公式"=ROUND(D5*F5,2)"，求出商品的销售额，如图 2-7-5 所示，并使用自动填充功能完成整列数据的填充。

图 2-7-5　填充"销售额"列数据

>> ● 小提示

ROUND 函数

ROUND(D5*F5,2)表示：对 D5*F5 的值进行四舍五入，并且只保留两位小数。

（6）填充"利润"列数据。选中 H5 单元格，输入公式"=ROUND((D5-C5)*F5,2)"，求出商品的利润，如图 2-7-6 所示，并使用自动填充功能完成整列数据的填充。

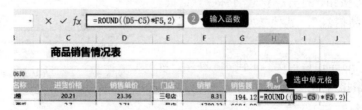

图 2-7-6　填充"利润"列数据

（7）完成"商品销售情况"工作表，效果如图 2-7-7 所示。

| 商品编号 | 商品名称 | 进货价 | 销售单 | 门店 | 销量 | 销售额 | 利润 |
|---|---|---|---|---|---|---|---|
| F00146221 | 鲜山楂 | 20.21 | 23.36 | 三号店 | 8.31 | 194.12 | 26.18 |
| F00146241 | 黑美人西瓜 | 2.7 | 3.71 | 一号店 | 1780.32 | 6604.99 | 1798.12 |
| F00146231 | 套袋红富士 | 12.54 | 14.94 | 三号店 | 2163.83 | 32327.62 | 5193.19 |
| F00146233 | 脆脆李 | 12.12 | 14.13 | 三号店 | 315.78 | 4461.97 | 634.72 |
| F00146232 | 本地黑李 | 16.03 | 19.03 | 三号店 | 105.12 | 2000.43 | 315.36 |
| F00146254 | 千禧小西红柿 | 7.4 | 10.93 | 一号店 | 388.08 | 4241.71 | 1369.92 |
| F00146221 | 鲜山楂 | 20.21 | 23.36 | 一号店 | 5.94 | 138.76 | 18.71 |
| F00146240 | 木瓜 | 6.6 | 7.04 | 二号店 | 222.36 | 1565.41 | 97.84 |
| F00146222 | 山竹 | 25.01 | 33.99 | 一号店 | 637.95 | 21683.92 | 5728.79 |
| F00146248 | 佳沃国产蓝莓 | 8.9 | 9.96 | 二号店 | 336 | 3346.56 | 356.16 |
| F00146241 | 黑美人西瓜 | 2.7 | 3.71 | 二号店 | 1070.46 | 3971.41 | 1081.16 |
| F00146231 | 套袋红富士 | 12.54 | 14.94 | 二号店 | 1766.75 | 26395.25 | 4240.2 |
| F00146247 | 榴莲 | 40.8 | 47.67 | 二号店 | 611.48 | 29149.25 | 4200.87 |
| F00146235 | 国产龙眼 | 30.31 | 33.26 | 二号店 | 12.27 | 408.1 | 36.2 |
| F00146229 | 皇冠水晶梨 | 10.69 | 13.17 | 一号店 | 763.95 | 10061.22 | 1894.6 |
| F00146246 | 红西柚 | 10.12 | 13.88 | 一号店 | 34.65 | 480.94 | 130.28 |
| F00146250 | 香蕉 | 6.66 | 8.26 | 二号店 | 118.05 | 975.09 | 188.88 |
| F00146230 | 甘肃精品红富士 | 14.61 | 17.3 | 三号店 | 703.26 | 12166.4 | 1891.77 |
| F00146226 | 红肉波萝蜜肉 | 43.24 | 47.52 | 一号店 | 126.78 | 6024.59 | 542.62 |
| F00146239 | 樱桃 | 83.91 | 97.8 | 一号店 | 50.19 | 4908.58 | 697.14 |
| F00146224 | 人参果 | 14.63 | 17.27 | 三号店 | 623.73 | 10771.82 | 1646.65 |
| F00146246 | 红西柚 | 10.12 | 13.88 | 二号店 | 23.94 | 332.29 | 90.01 |

图 2-7-7 "商品销售情况"工作表效果

## 2. 制作"商品销售情况"汇总表

（1）复制"商品销售情况"工作表。在工作表标签上右击，在弹出的快捷菜单中选择"移动或复制工作表"选项，打开"移动或复制工作表"对话框，选择"移至最后"选项，勾选"建立副本"复选框，单击"确定"按钮，如图 2-7-8 所示，并将复制的工作表重命名为"汇总表"。

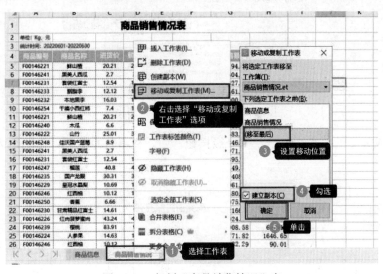

图 2-7-8 复制"商品销售情况"表

（2）汇总各门店的销售利润。切换至"汇总表"工作表，按"门店"字段排序销售数据，选中 A4:H106 单元格区域，单击"数据"选项卡中"排序"右侧的下拉按钮，在弹出的下拉菜单中选择"自定义排序"选项，打开"排序"对话框，设置主要关键字为"门店"，排序依据为"数值"，次序为"升序"，单击"确定"按钮，如图 2-7-9 所示。

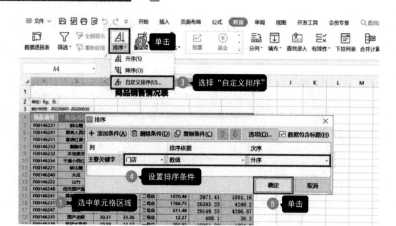

图 2-7-9 数据排序

（3）对数据进行分类汇总。选中 A4:H106 单元格区域，单击"数据"选项卡中的"分类汇总"按钮，打开"分类汇总"对话框，分类字段设置为"门店"，然后勾选"利润"复选框，最后单击"确定"按钮，如图 2-7-10 所示。

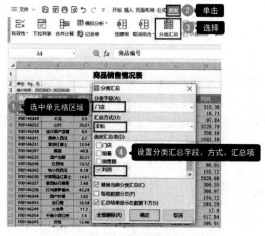

图 2-7-10 "分类汇总"选项设置

（4）生成分类汇总表，单击左侧分级按钮"2"，查看汇总数据，汇总结果如图 2-7-11 所示。

图 2-7-11 汇总结果

## 3. 制作"商品销售情况"分析图

（1）选择"商品销售情况"工作表，选中 A4:H106 单元格区域，单击"插入"选项卡中的"数据透视表"按钮，打开"创建数据透视表"对话框，然后单击"确定"按钮，如图 2-7-12 所示。

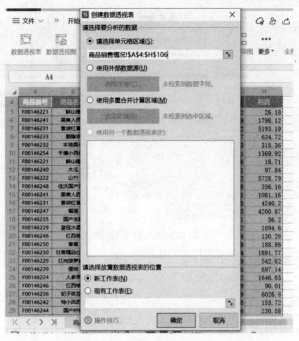

图 2-7-12　创建数据透视表

（2）生成 Sheet1 工作表，重命名为"商品销售情况分析图"，并移至最后一张工作表。

（3）选择数据透视表模板的任意一个单元格，在"字段列表"中，将"商品名称""门店""利润"字段拖曳至数据透视表区域，如图 2-7-13 所示，会自动生成数据透视表和数据透视图。

（4）筛选数据并分析。单击数据透视表上的商品名称筛选器按钮，勾选如图 7-14 所示的部分商品，单击"确定"按钮，查看并分析所选择商品的销售情况。

图 2-7-13　设置"数据透视表"显示字段

图 2-7-14　使用"数据透视表"筛选器

（5）插入图表。选中 A4:E7 单元格区域，单击"插入"选项卡，然后单击"插入柱形图"按钮，在弹出的"二维柱形图"下拉菜单中选择"簇状柱形图"选项，如图 2-7-15 所示。

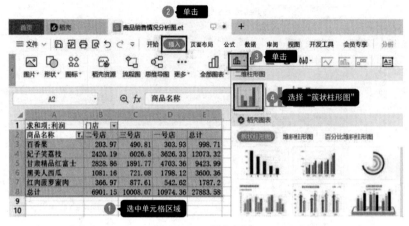

图 2-7-15　插入图表

（6）调整图表位置及大小。

## 四、实例效果

实例效果如图 2-7-16 所示。

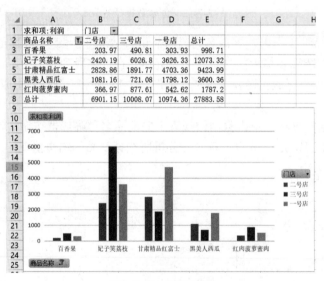

图 2-7-16　实例效果

## 五、实战模拟

跟着小丽学习，大家有没有掌握图表的制作呢？下面我们一起来实战模拟练习。

**练习**　制作一份"进口水果销售情况图"

为了更直观地呈现数据，并清楚地显示数据间的差异及变化情况，请你制作一份进口水果销售情况图，制作效果如图 2-7-17 所示。

图 2-7-17　制作效果

**制作要求：**

（1）打开"进口水果销售情况.et"文件。

（2）将表格数据按"产品名称"关键字升序排序。

（3）对表格数据进行分类汇总：分类字段为"产品名称"；汇总方式为"求和"；汇总项为"销售额"，并选择显示第 2 级汇总数据。

（4）对汇总后的数据创建图表。数据源选择"产品名称"和"销售额"，图表类型为"饼图"。

# 实例八　制作员工绩效考核表

实例八
制作员工绩效考核表

## 一、实例背景

小希是万家超市行政部一名职员，行政部长为了调动员工工作的积极性和主动性，要求小希制作一份超市运营人员绩效考核表，对运营人员的业绩和行为进行量化。接到任务后，小希想使用 WPS 表格快速完成绩效考核表的制作，使薪资的发放有据可依。

## 二、实例分析

小希整理了一下思路，准备从以下几个方面来完成制表任务。

（1）创建"绩效考核表"工作表。

（2）格式化数据和表格。

（3）使用公式计算"绩效考核表"工作表中各员工的考核得分。

## 三、制作过程

### 1. 创建工作簿，重命名工作表

（1）启动 WPS，新建一份空白工作簿。

（2）将创建的工作簿以"万家超市运营人员绩效考核表"为名保存到相应的文件夹中。

（3）将工作簿中的 Sheet1 工作表重命名为"绩效考核表"。

### 2. 创建"绩效考核表"工作表

创建如图 2-8-1 所示的"绩效考核表"工作表。

| | | 考核项目 | 权重 | 目标值要求 | 评分等级 | 自评 | 上级 | 经理 | 结果 |
|---|---|---|---|---|---|---|---|---|---|
| 姓名 | | | | 岗位 | | 得分 | | | |
| **业绩考核** | 1 | 线上销售额 | 30% | 每月20万 | 1. 达成目标销售额 30分；2. 达到80%以上 20分；3. 达到70%以上 10分；4. 不足70% 0分 | 24 | 20 | 24 | 23 |
| | 2 | 新客户开发 | 40% | 每月客户开发量为20家 | 1. 达到目标值 40分；2. 开发15家新客户 30分；3. 开发9家新客户 15分；4. 少于9家新客户 0分 | 30 | 18 | 19 | 22 |
| | 3 | 客户满意度 | 20% | 无投诉 | 1. 达到目标值 20分；2. 投诉1单 10分；3. 2~3单投诉 5分；4. 投诉4单及4单以上 0分 | 16 | 15 | 14 | 15 |
| | 4 | 市场分析报告提交 | 10% | 每月5号前提交且被采纳 | 1. 两项均达标目标值 10分；2. 任何一项达标 5分；3. 两项均未达标 0分 | 10 | 10 | 10 | 10 |
| | 加权合计评分 | | | | | | | | |

图 2-8-1  绩效考核表

### 3. 格式化"绩效考核表"工作表

（1）选中 A1:L14 单元格区域，将字符格式设置为"微软雅黑、11"，对齐方式设置为"垂直居中、水平居中"。

（2）选中 A1:L1 单元格区域，将工作表的标题单元格区域合并后居中，字符格式设置为"微软雅黑、20、加粗"，设置行高为 40，底纹颜色为"浅绿，着色 6，深色 50%"。

（3）选中 A3:L2 单元格区域，将字符格式设置更改为"微软雅黑、11、加粗"，行高为"16"，底纹颜色为"浅绿，着色 6，浅色 40%"。

（4）选中 A3:A9 单元格，将字符格式设置为"微软雅黑、16、加粗"。

（5）将 B8、E8、B12、E12 四个单元格的底纹颜色设置为"浅绿，着色 6，浅色 80%"，将 B13 单元格底纹颜色设置为"浅绿，着色 6，浅色 40%"。

（6）选中 A2:F6 单元格区域，添加"所有框线"。

格式化后的"绩效考核表"工作表如图 2-8-2 所示。

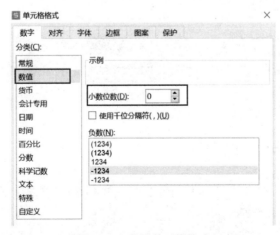

| 万家超市运营人员绩效考核表 | | | | | | | 考核期间：__年 __月 | | | | |
|---|---|---|---|---|---|---|---|---|---|---|---|
| 姓名 | | | | | 岗位 | | | 得分 | | | |
| | | 考核项目 | | 权重 | 目标值要求 | 评分等级 | | 自评 | 上级 | 经理 | 结果 |
| 业绩考核 | 1 | 业绩指标100% | 线上销售额 | 30% | 每月20万 | 1. 达成目标销售额 30分；<br>2. 达成80%以上 20分；<br>3. 达成70%以上 10分；<br>4. 不足70% 0分 | | 24 | 20 | 24 | 23 |
| | 2 | | 新客户开发 | 40% | 每月客户开发量为20家 | 1. 达到目标值 40分；<br>2. 开发15家新客户 30分；<br>3. 开发9家新客户 15分；<br>4. 少于9家新客户 0分 | | 30 | 18 | 19 | 22 |
| | 3 | | 客户满意度 | 20% | 无投诉 | 1. 达成目标值 20分；<br>2. 投诉1单 10分；<br>3. 2～3单投诉 5分；<br>4. 投诉4单及4单以上 0分 | | 16 | 15 | 14 | 15 |
| | 4 | | 市场分析报告提交 | 10% | 每月5号前提交且被采纳 | 1. 两项均达目标值 10分；<br>2. 任何一项达标 5分；<br>3. 两项均未达标 0分 | | 10 | 10 | 10 | 10 |
| | | 加权合计评分 | | | | 20 | | | | | |
| | 序号 | 行为指标 | | 权重 | 指标说明 | 考核评分 | | 自评 | 上级 | 经理 | 结果 |
| 行为考核 | 1 | | 以客户为中心 | 50% | 1. 提供必要服务；<br>2. 迅速而不分销解决客户需求；<br>3. 找出客户深层次（真实）需求并提供相应产品服务；<br>4. 成为客户信赖对象，并在维护公司利益下影响客户决策；<br>5. 维护客户利益，促进客户成为生意伙伴 | 1. 10分<br>2. 20分<br>3. 30分<br>4. 40分<br>5. 50分 | | 35 | 32 | 33 | 33 |
| | 2 | 行为指标100% | 纪律严明 | 50% | 1. 工作中说洒阴阳怪气，对人冷漠，经常迟到、早退，无故缺勤，不按规定办事；<br>2. 工作中偶尔出现迟到、早退等现象；<br>3. 不违反纪律，对同事、上级的态度较好；<br>4. 不违法纪律，对同事、上级有礼貌；<br>5. 对工作满腔热情，遵守纪律，对同事、上级热情有礼 | 1. 10分<br>2. 20分<br>3. 30分<br>4. 40分<br>5. 50分 | | 47 | 48 | 48 | 48 |
| | | 加权合计评分 | | | | 41 | | | | | |
| 总分 | | | | | | 60 | | | | | |
| 考核人 | | | | 上级签字： | 总经理签字： | __年__月__日 | | | | | |

图 2-8-2　格式化后的"绩效考核表"工作表

## 4．编辑数据

（1）输入一组"自评"、"上级"和"经理"的评分数据。

（2）选中 L 列及 E8、E12、B13 单元格，设置单元格格式为"数值"，小数位数为"0"，如图 2-8-3 所示。

图 2-8-3　设置单元格格式

（3）计算业绩考核中的"结果"。

① 选中 L4 单元格。

② 输入公式"=SUM(I4:K4)/3"，按 Enter 键确认，可计算出"线上销售额"的业绩考核结果，如图 2-8-4 所示。

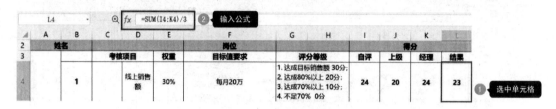

图 2-8-4　业绩考核中的"结果"

③ 选中 L4 单元格，使用自动填充功能，将公式复制到 L4:L7 单元格区域，可计算出业绩考核中所有项目的结果，如图 2-8-5 所示。

| | 姓名 | | 考核项目 | 权重 | 目标值要求 | 评分等级 | 自评 | 上级 | 经理 | 结果 |
|---|---|---|---|---|---|---|---|---|---|---|
| | | | | | | 得分 | | | | |
| 4 | 业绩考核 | 1 | 业绩指标100% | 线上销售额 | 30% | 每月20万 | 1. 达成目标销售额 30分；<br>2. 达成80%以上 20分；<br>3. 达成70%以上 10分；<br>4. 不足70% 0分 | 24 | 20 | 24 | 23 |
| 5 | | 2 | | 新客户开发 | 40% | 每月客户开发量为20家 | 1. 达到目标值 40分；<br>2. 开发15家新客户 30分；<br>3. 开发9家新客户 15分；<br>4. 少于9家新客户 0分 | 30 | 18 | 19 | 22 |
| 6 | | 3 | | 客户满意度 | 20% | 无投诉 | 1. 达到目标值 20分；<br>2. 投诉1单 10分；<br>3. 2~3单投诉 5分；<br>4. 投诉4单及4单以上 0分 | 16 | 15 | 14 | 15 |
| 7 | | 4 | | 市场分析报告提交 | 10% | 每月5号前提交且被采纳 | 1. 两项均达目标值 10分；<br>2. 任何一项达标 5分；<br>3. 两项均未达标 0分 | 10 | 10 | 10 | 10 |

图 2-8-5　填充业绩考核中的"结果"

（4）计算业绩考核中的"加权合计评分"。

① 选中 E8 单元格。

② 输入公式"=L4*30%+L5*40%+L6*20%+L7*10%"，按 Enter 键确认，可计算出业绩考核的"加权合计评分"，如图 2-8-6 所示。

图 2-8-6　计算业绩考核中的"加权合计评分"

（5）计算行为考核中的"结果"。

① 选中 L10 单元格。

② 输入公式"=SUM(I10:K10)/3"，按 Enter 键确认，可计算出"以客户为中心"的行为考核结果，如图 2-8-7 所示。

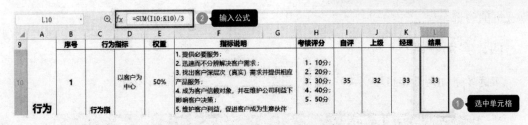

图 2-8-7 行为考核中的"结果"

③ 选中 L10 单元格，使用自动填充功能，将公式复制到 L10:L11 单元格区域，可计算出行为考核中所有项目的结果，如图 2-8-8 所示。

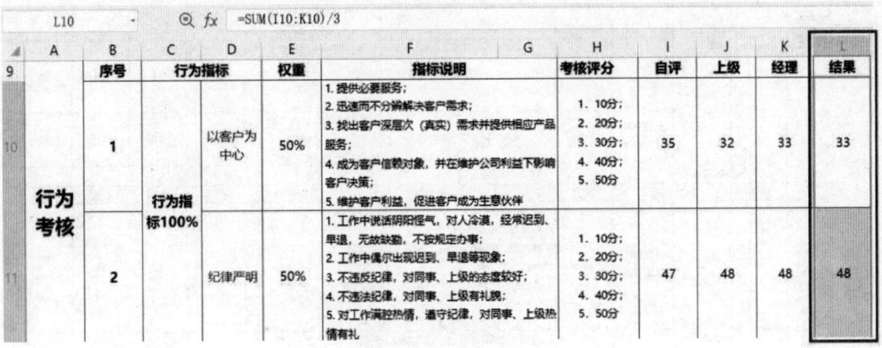

图 2-8-8 填充行为考核中的"结果"

（6）计算行为考核中的"加权合计评分"。

① 选中 E12 单元格。

② 输入公式"=L10*50%+L11*50%"，按 Enter 键确认，可计算出行为考核的"加权合计评分"，如图 2-8-9 所示。

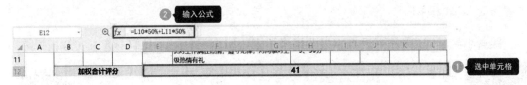

图 2-8-9 计算行为考核中的"加权合计评分"

（7）计算"总分"。

① 选中 B13 单元格。

② 输入公式"=E8*100%+E12*100%"，按 Enter 键确认，可计算出业绩考核和行为考核的总分，如图 2-8-10 所示。

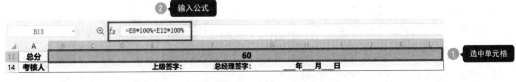

图 2-8-10 计算"总分"

（8）取消网格线显示。单击"视图"选项卡，在"显示"组中取消对"显示网格线"

复选框的勾选。

## 四、实例效果

实例效果如图 2-8-11 所示。

| | | | | | | 考核期间: __年__月 | | | | | |
|---|---|---|---|---|---|---|---|---|---|---|---|
| | | | | | 万家超市运营人员绩效考核表 | | | | 得分 | | |
| 姓名 | | | | 岗位 | | | | 自评 | 上级 | 经理 | 结果 |
| | | 考核项目 | 权重 | 目标值要求 | | 评分等级 | | | | | |
| 业绩考核 | 1 | 线上销售额 | 30% | 每月20万 | 1. 达成目标销售额 30分；2. 达成80%以上 20分；3. 达成70%以上 10分；4. 不足70% 0分 | | | 24 | 20 | 24 | 23 |
| | 2 | 新客户开发 | 40% | 每月客户开发量为20家 | 1. 达到目标值 40分；2. 开发15家新客户 30分；3. 开发9家新客户 15分；4. 少于9家新客户 0分 | | | 30 | 18 | 19 | 22 |
| | 3 | 客户满意度 | 20% | 无投诉 | 1. 达到目标值 20分；2. 投诉1单 10分；3. 2～3单投诉 5分；4. 投诉4单及4单以上 0分 | | | 16 | 15 | 14 | 15 |
| | 4 | 市场分析报告提交 | 10% | 每月5号前提交且被采纳 | 1. 两项均达目标值 10分；2. 任何一项达标 5分；3. 两项均未达标 0分 | | | 10 | 10 | 10 | 10 |
| | | 业绩指标100% | | | | | | | | | |
| 加权合计评分 | | | | | | 20 | | | | | |
| | 序号 | 行为指标 | 权重 | 指标说明 | | 考核评分 | | 自评 | 上级 | 经理 | 结果 |
| 行为考核 | 1 | 以客户为中心 | 50% | 1. 提供必要服务；2. 迅速而不分辨解决客户需求；3. 找出客户深层次 (真实) 需求并提供相应产品服务；4. 成为客户信赖对象，并在维护公司利益下影响客户决策；5. 维护客户利益，促进客户成为生意伙伴 | | 1. 10分；2. 20分；3. 30分；4. 40分；5. 50分 | | 35 | 32 | 33 | 33 |
| | 2 | 纪律严明 | 50% | 1. 工作中说话阴阳怪气，对人冷漠，经常迟到、早退，无故缺勤，不按规定办事；2. 工作中偶尔出现迟到、早退现象；3. 不违反纪律，对同事、上级的态度较好；4. 不违法纪律，对同事、上级有礼貌；5. 对工作满腔热情，遵守纪律，对同事、上级热情有礼 | | 1. 10分；2. 20分；3. 30分；4. 40分；5. 50分 | | 47 | 48 | 48 | 48 |
| | | 行为指标100% | | | | | | | | | |
| 加权合计评分 | | | | | | 41 | | | | | |
| 总分 | | | | | | 60 | | | | | |
| 考核人 | | | | 上级签字: | 总经理签字: | | | __年__月__日 | | | |

图 2-8-11　实例效果

## 五、实战模拟

跟着小希学习，大家有没有掌握业绩考核表的制作呢？下面我们一起来实战模拟练习。

**练习** 制作一份"员工年度绩效考核表"

汇达公司为了不断提高公司的管理水平，加深公司员工对自己的工作职责和工作目标的了解，现在邀请你一起制作一份员工年度绩效考核表，制作效果如图 2-8-12 所示。

实战模拟
制作一份"员工年度绩效考核表"

**制作要求：**

（1）新建一个工作簿，命名为"员工年度绩效考核表"。

（2）创建"员工年度绩效考核表"工作表框架。

（3）利用公式计算"评价得分""本项最终分数""最终得分"。

① 评价得分=每项得分×每项系数之和。

② 本项最终分数=每项分值×次数之和。

③ 最终得分=评价得分-考勤分数-处分分数+奖励分数。

（4）格式化"员工年度绩效考核表"工作表。

① 将标题"员工年度绩效考核表"的字符格式设置为"微软雅黑、18、加粗",行高设置为"25"。

② 选中 A1:L1 单元格区域,设置合并居中。

③ 选中 A2:L3 和 A5:L5 单元格区域,设置单元格底纹填充颜色为"黑色,文本1,浅色 25%"。

④ 选中 A15:L15 和 A25:L25 单元格区域,设置单元格底纹颜色为"黄色"。

⑤ 选中 A26:L26 单元格区域,设置单元格底纹填充颜色为"白色,背景1,深色50%"。

⑥ 选中 A2:L28 单元格区域,设置字符格式为"微软雅黑、9"。

| | A | B | C | D | E | F | G | H | I | J | K | L |
|---|---|---|---|---|---|---|---|---|---|---|---|---|
| 1 | | | | | 员工年度绩效考核表 | | | | | | | |
| 2 | 所属部门: | | | | 姓名: | | | 职务: | | | | |
| 3 | 考核人: | | | | 考核期:: | | 年 月 日至 年 月 日 | | | | | |
| 5 | 维度 | 指标 | 权重 | 优秀(100分) | | 良好(80分) | 一般(60分) | 较差(40分) | | 极差(20分) | | 评分 |
| 6 | 工作业绩 | 工作素质 | 10% | 仅考虑工作的品质,与期望值比较,工作过程、结果的符合程度 | | | | | | | | |
| 7 | | 工作量 | 20% | 仅考虑职责内工作、上级交办工作及自主性工作的完成总量 | | | | | | | | |
| 8 | | 工作达成度 | 10% | 与年度目标或与期望值比较,工作达成与目标或标准之差距 | | | | | | | | |
| 9 | 工作能力 | 应变力 | 10% | 针对客观变化,采取措施的主动性、有效性及工作中对上级的依赖程度 | | | | | | | | |
| 10 | | 改善创新 | 10% | 问题意识是否强,为有效工作,在改进工作方面的主动性及效果 | | | | | | | | |
| 11 | | 职务技能 | 10% | 对担任职务相关知识的掌握、运用,工作的熟练程度 | | | | | | | | |
| 12 | 工作态度 | 诚信度 | 10% | 信守承诺,对客户,对上级、平级、下级 | | | | | | | | |
| 13 | | 工作态度 | 10% | 工作自觉性、积极性;对工作投入程度,进取精神、勤奋程度、责任心 | | | | | | | | |
| 14 | | 品德言行 | 10% | 是否做到廉洁、诚信,是否具有职业道德 | | | | | | | | |
| 15 | 评价得分 | | | 评价得分=每项得分*每项系数之和 | | | | | | | | 0 |
| 16 | 考勤情况 | 项目 | | 迟到早退 | | 旷工 | 事假 | 病假 | | 本项最终分数 | | 0 |
| 17 | | 分值 | | 0.2 | | 2 | 0.4 | 0.2 | | | | |
| 18 | | 次数 | | | | | | | | | | |
| 19 | 处分情况 | 项目 | | 警告 | | 小过 | 大过 | | | 本项最终分数 | | 0 |
| 20 | | 分值 | | 1 | | 3 | 9 | | | | | |
| 21 | | 次数 | | | | | | | | | | |
| 22 | 奖励情况 | 项目 | | 表扬 | | 小功 | 大功 | | | 本项最终分数 | | 0 |
| 23 | | 分值 | | 1 | | 3 | 9 | | | | | |
| 24 | | 次数 | | | | | | | | | | |
| 25 | 最终得分 | | | 最终得分=评价得分-考勤分数-处分分数+奖励分数 | | | | | | | | 0 |
| 26 | 评价等级 | | | A. 90分以上 | | B. 70~89分 | C. 40~69分 | D. 40分以下 | | | | D |
| 27 | 评价者意见 | | | | | | | | | | | |
| 28 | | | | | | | 考评人签字: | | 日期: 年 月 日 | | | |

图 2-8-12　制作效果

## 实例九　制作员工工资表

实例九
制作员工工资表

### 一、实例背景

小伊是兴化公司财务部门的一名职员,财务部经理要求她制作一份员工工资明细表。接到任务后,小伊使用 WPS 表格清晰明了地制作员工的工资明细,核算员工的工资收入。

## 二、实例分析

小伊整理了一下思路，准备从以下几个方面来完成制表任务。
（1）使用函数完成工资表中数据的编辑。
（2）格式化数据和表格。

## 三、制作过程

1. 打开"员工工资表.xlsx"文件

2. 编辑"员工工资明细表"工作表数据

（1）计算"应发工资"列数据。
① 选中 H3 单元格。
② 单击"开始"选项卡中的按钮 $\boxed{\Sigma_{\text{求和}}}$，出现公式"=SUM()"，选中 D3:G3 单元格区域，按 Enter 键确认，可计算出相应的应发工资，如图 2-9-1 所示。

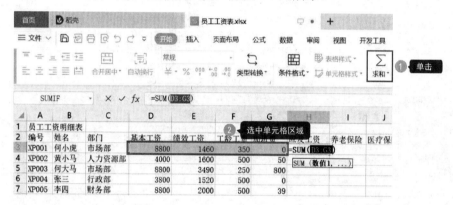

图 2-9-1 计算"应发工资"列数据

③ 选中 H3 单元格，使用自动填充功能向下复制函数，可计算出所有员工的应发工资。

>> ● 小提示

① 按国家相关法律法规规定，企业针对职工工资的税前扣除项目中包含社会保险，主要有养老保险、失业保险、医疗保险、工伤保险、生育保险等。

② 单位必须按规定比例向社会保险机构缴纳社会保险，计算时的基数一般是职工个人上一年度的月平均工资。

③ 个人只需按规定比例缴纳其中的养老保险、医疗保险、失业保险部分，个人应缴纳的费用由单位每月在发放个人工资前代扣代缴。

（2）计算"养老保险"列数据。
这里养老保险的数据为个人缴纳部分，一般计算方法为"养老保险=上一年度月平均工资×8%"，这里假设"上一年度月平均工资=基本工资+绩效工资"。
① 选中 I3 单元格。

② 输入公式"=(D3+E3)*8%"，按 Enter 键确认，可计算出相应的养老保险，如图 2-9-2 所示。

③ 选中 I3 单元格，使用自动填充功能向下复制函数，可计算出所有员工的养老保险。

图 2-9-2　计算"养老保险"列数据

（3）计算"医疗保险"列数据。

这里医疗保险的数据为个人缴纳部分，一般计算方法为"医疗保险=上一年度月平均工资×2%"，这里假设"上一年度月平均工资=基本工资+绩效工资"。

① 选中 J3 单元格。

② 输入公式"=(D3+E3)*2%"，按 Enter 键确认，可计算出相应的医疗保险，如图 2-9-3 所示。

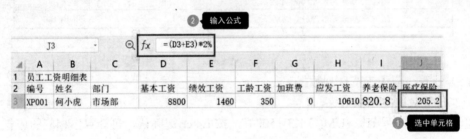

图 2-9-3　计算"医疗保险"列数据

③ 选中 J3 单元格，使用自动填充功能向下复制函数，可计算出所有员工的医疗保险。

（4）计算"失业保险"列数据。

这里失业保险的数据为个人缴纳部分，一般计算方法为"医疗保险=上一年度月平均工资×1%"，这里假设"上一年度月平均工资=基本工资+绩效工资"。

① 选中 K3 单元格。

② 输入公式"=(D3+E3)*1%"，按 Enter 键确认，可计算出相应的失业保险，如图 2-9-4 所示。

图 2-9-4　计算"失业保险"列数据

③ 选中 K3 单元格，使用自动填充功能向下复制函数，可计算出所有员工的失业保险。

>> ● **小提示**

计算各项工资时，需要使用到的相关公式如下。

① 计算应税工资：应税工资=应发工资-（养老保险+医疗保险+失业保险）-5000（5000元为我国2018年调整后规定的个人所得税起征点）。

② 计算个人所得税时，应税工资不应有小于0反而返税的情况，故分两种情况调整：若应税工资大于0元，则按实际应税工资计算所得税；若初算应税工资小于等于0元，则所得税为0元。

③ 计算个人所得税，会计核算方法中计算所得税的速算方法见表2-9-1。

表2-9-1 会计核算方法中计算所得税的速算方法

| 级数 | 每月应纳税所得额 | 税率（%） | 速算扣除数 |
| --- | --- | --- | --- |
| 1 | 不超过3 000元的部分 | 3 | 0 |
| 2 | 超过3 000元至12 000元的部分 | 10 | 210 |
| 3 | 超过12 000元至25 000元的部分 | 20 | 1 410 |
| 4 | 超过25 000元至35 000元的部分 | 25 | 2 660 |
| 5 | 超过35 000元至55 000元的部分 | 30 | 4 410 |
| 6 | 超过55 000元至80 000元的部分 | 35 | 7 160 |
| 7 | 超过80 000元的部分 | 45 | 15 160 |

（5）计算"应税工资"列数据。

① 选中M3单元格。

② 输入公式"=H3-SUM(I3:K3)-5000"，按Enter键确认，可计算出相应的应税工资，如图2-9-5所示。

图2-9-5 计算"应税工资"列数据

③ 选中M3单元格，使用自动填充功能向下复制函数，可计算出所有员工的应税工资。

（6）计算"个人所得税"列数据。

① 选中N3单元格。

② 单击"公式"选项卡中的"插入函数"按钮 fx ，打开"插入函数"对话框，从列表中选择"IF"函数，开始构造外层的IF函数参数，函数的前两个参数如图2-9-6所示，可以直接输入或用"拾取"按钮配合键盘构造函数。

③ 将鼠标指针停留于第3个参数"假值"处，再次单击编辑栏左侧的"IF函数"按钮，即选择第3个参数为一个嵌套在本函数内的IF函数。这时打开一个新的IF函数的"函数参数"对话框，用于构造第2层IF函数。

④ 在其中输入 2 个参数，如图 2-9-7 所示，这时就完成了第 2 层 IF 函数前两个参数的构造。

图 2-9-6　设置"IF"函数参数 1　　　　　图 2-9-7　设置"IF"函数参数 2

⑤ 将鼠标指针停留于第 3 个参数"假值"处，再次单击编辑栏左侧的"IF 函数"按钮 <u>IF</u>，即选择第 3 个参数为一个嵌套在本函数内的 IF 函数。再弹出一个新的 IF 函数的"函数参数"对话框，用于构造第 3 层 IF 函数。

⑥ 在其中输入如图 2-9-8 所示的 3 个参数，这时就完成了第 3 层 IF 函数的构造。

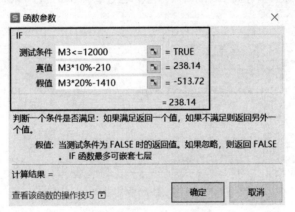

图 2-9-8　设置"IF"函数参数 3

⑦ 单击"函数参数"对话框中的"确定"按钮，就得到了 N3 单元格的结果，如图 2-9-9 所示。

⑧ 选中 N3 单元格，使用自动填充功能向下复制函数，可计算出所有员工的个人所得税收。

图 2-9-9　计算"个人所得税"列数据

>> ● 小提示

　　本案例在这一步只讨论应纳税所得额低于 25000 元的情况，故只需要分 3 层 IF 函数实现 4 种情况的计算。应纳税所得额的计算公式分别如下：

　　① 应税工资小于等于 0 元的个人所得税税额为 0。

　　② 应税工资在 3 000 元以内的个人所得税税额为"应税工资×3%"。

　　③ 应税工资在 3 000～12 000 元之间的个人所得税税额为"应税工资×10%-速算扣除数 210"。

　　④ 应税工资在 12 000～25 000 元之间的个人所得税税额为"应税工资×20%-速算扣除数 1410"。

　　函数嵌套时，要先构造外层，再构造内层，要先明确公式的含义，并注意鼠标的灵活运用及观察清楚正在操作第几层，构造完成后按 Enter 键或单击"确定"按钮确定公式。

（7）计算"实发工资"列数据。

① 选中 O3 单元格。

② 输入公式"=ROUND(H3-SUM（I3:L3,N3),0)"，按 Enter 键确认，可计算出相应的实发工资，如图 2-9-10 所示。

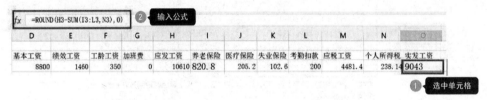

图 2-9-10　计算"实发工资"列数据

③ 选中 O3 单元格，使用自动填充功能向下复制函数，可计算出所有员工的实发工资。完成计算后的"员工工资明细表"工作表效果如图 2-9-11 所示。

| | A | B | C | D | E | F | G | H | I | J | K | L | M | N | O |
|---|---|---|---|---|---|---|---|---|---|---|---|---|---|---|---|
| 1 | 员工工资明细表 | | | | | | | | | | | | | | |
| 2 | 编号 | 姓名 | 部门 | 基本工资 | 绩效工资 | 工龄工资 | 加班费 | 应发工资 | 养老保险 | 医疗保险 | 失业保险 | 考勤扣款 | 应税工资 | 个人所得税 | 实发工资 |
| 3 | XP001 | 何小虎 | 市场部 | 8800 | 1460 | 350 | 0 | 10610 | 820.8 | 205.2 | 102.6 | 200 | 4481.4 | 238.14 | 9043 |
| 4 | XP002 | 黄小马 | 人力资源部 | 4000 | 1600 | 500 | 50 | 6150 | 448 | 112 | 56 | 0 | 534 | 16.02 | 5518 |
| 5 | XP003 | 何大马 | 市场部 | 8800 | 3490 | 250 | 800 | 13340 | 983.2 | 245.8 | 122.9 | 155 | 6988.1 | 488.81 | 11344 |
| 6 | XP004 | 张三 | 行政部 | 3800 | 1520 | 500 | 0 | 5820 | 425.6 | 106.4 | 53.2 | 45 | 234.8 | 7.044 | 5183 |
| 7 | XP005 | 李四 | 财务部 | 8800 | 2000 | 500 | 39 | 11339 | 864 | 216 | 108 | 0 | 5151 | 305.1 | 9846 |
| 8 | XP006 | 王五 | 财务部 | 5000 | 2340 | 400 | 216 | 7956 | 587.2 | 146.8 | 73.4 | 0 | 2148.6 | 64.458 | 7084 |
| 9 | XP007 | 赵六 | 物流部 | 4000 | 1520 | 500 | 300 | 6320 | 441.6 | 110.4 | 55.2 | 53 | 712.8 | 21.384 | 5638 |
| 10 | XP008 | 圆圆 | 行政部 | 5500 | 2200 | 500 | 0 | 8200 | 616 | 154 | 77 | 122 | 2353 | 70.59 | 7160 |
| 11 | XP009 | 黄小小 | 市场部 | 5800 | 3200 | 500 | 421 | 9921 | 720 | 180 | 90 | 299 | 3931 | 183.1 | 8449 |
| 12 | XP010 | 何大大 | 市场部 | 5000 | 2320 | 500 | 167 | 7987 | 585.6 | 146.4 | 73.2 | 0 | 2181.8 | 65.454 | 7116 |
| 13 | XP011 | 小鱼儿 | 行政部 | 4000 | 3520 | 400 | 0 | 7920 | 601.6 | 150.4 | 75.2 | 0 | 2092.8 | 62.784 | 7030 |
| 14 | XP012 | 圆圆 | 物流部 | 3800 | 2200 | 350 | 34 | 6384 | 480 | 120 | 60 | 0 | 724 | 21.72 | 5702 |
| 15 | XP013 | 满满 | 财务部 | 4000 | 3400 | 500 | 0 | 7900 | 592 | 148 | 74 | 100 | 2086 | 62.58 | 6923 |
| 16 | XP014 | 美人鱼 | 人力资源部 | 8800 | 3360 | 500 | 109 | 12769 | 972.8 | 243.2 | 121.6 | 0 | 6431.4 | 433.14 | 10998 |
| 17 | XP015 | 美人鱼2 | 物流部 | 5500 | 1600 | 250 | 0 | 7350 | 568 | 142 | 71 | 356 | 1569 | 47.07 | 6166 |
| 18 | XP016 | 美人鱼3 | 市场部 | 8000 | 2200 | 500 | 188 | 10888 | 816 | 204 | 102 | 0 | 4766 | 266.6 | 9499 |
| 19 | XP017 | 美人鱼4 | 物流部 | 5800 | 3520 | 350 | 277 | 9947 | 745.6 | 186.4 | 93.2 | 0 | 3921.8 | 182.18 | 8740 |
| 20 | XP018 | 美人鱼5 | 人力资源部 | 5500 | 2340 | 500 | 414 | 8754 | 627.2 | 156.8 | 78.4 | 0 | 2891.6 | 86.748 | 7805 |
| 21 | XP019 | 美人鱼6 | 行政部 | 4000 | 2000 | 500 | 76 | 6576 | 480 | 120 | 60 | 0 | 916 | 27.48 | 5889 |
| 22 | XP020 | 美人鱼7 | 人力资源部 | 5500 | 1540 | 350 | 0 | 7390 | 563.2 | 140.8 | 70.4 | 78 | 1615.6 | 48.468 | 6489 |
| 23 | XP021 | 美RY8 | 财务部 | 5800 | 1600 | 500 | 270 | 8170 | 592 | 148 | 74 | 245 | 2356 | 70.68 | 7040 |

员工工资明细表 ＋

图 2-9-11　完成计算后的"员工工资明细表"工作表效果

### 3. 格式化数据和表格

（1）选中 A1:O1 单元格区域，将工作表的标题单元格区域合并后居中，设置字符格式为"黑体、18"，标题行行高为"20"。

（2）选中 A2:O2 单元格区域，将列标题的字符格式设置为"宋体、11、加粗"，行高设置为"20"。

（3）选中 A3:O23 单元格区域，将字符格式设置为"宋体、11"，行高设置为"14"。

（4）将表中所有的数据项格式设置为"会计专用格式"，保留2位小数，无货币符号，如图 2-9-12 所示。

（5）选中 A2:O23 单元格区域，设置单元格外边框为粗实线，内边框为细虚线，边框颜色为"蓝色边框"，单元格内容居中显示，如图 2-9-13 所示。

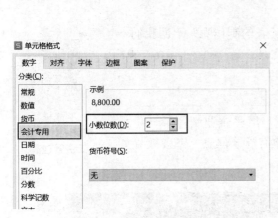

图 2-9-12　设置数据项格式

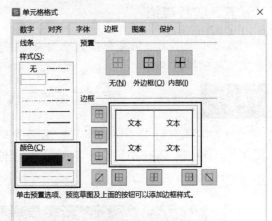

图 2-9-13　设置边框

（6）将"应发工资""应税工资""实发工资"3 列数据区域的底纹颜色设置为"矢车菊蓝，着色 5，浅色 60%"，如图 2-9-14 所示。

图 2-9-14　设置单元格格式

## 四、实例效果

实例效果如图 2-9-15 所示。

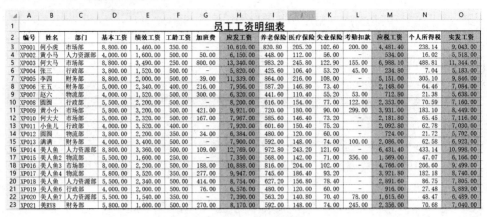

| 编号 | 姓名 | 部门 | 基本工资 | 绩效工资 | 工龄工资 | 加班费 | 应发工资 | 养老保险 | 医疗保险 | 失业保险 | 考勤扣款 | 应税工资 | 个人所得税 | 实发工资 |
|---|---|---|---|---|---|---|---|---|---|---|---|---|---|---|
| XP001 | 何小虎 | 市场部 | 8,800.00 | 1,460.00 | 350.00 | - | 10,610.00 | 820.80 | 205.20 | 102.60 | 200.00 | 4,481.40 | 238.14 | 9,043.00 |
| XP002 | 黄小马 | 人力资源部 | 4,000.00 | 1,600.00 | 500.00 | 50.00 | 6,150.00 | 448.00 | 112.00 | 56.00 | - | 534.00 | 16.02 | 5,518.00 |
| XP003 | 何大马 | 市场部 | 8,800.00 | 3,490.00 | 250.00 | 800.00 | 13,340.00 | 983.20 | 245.80 | 122.90 | 155.00 | 6,988.10 | 488.81 | 11,344.00 |
| XP004 | 张三 | 行政部 | 3,800.00 | 1,520.00 | 500.00 | - | 5,820.00 | 425.60 | 106.40 | 53.20 | 45.00 | 234.80 | 7.04 | 5,183.00 |
| XP005 | 李四 | 财务部 | 8,800.00 | 2,000.00 | 500.00 | 39.00 | 11,339.00 | 864.00 | 216.00 | 108.00 | - | 5,151.00 | 305.10 | 9,846.00 |
| XP006 | 王五 | 财务部 | 5,000.00 | 2,340.00 | 400.00 | 216.00 | 7,956.00 | 587.20 | 146.80 | 73.40 | - | 2,148.60 | 64.46 | 7,084.00 |
| XP007 | 赵六 | 物流部 | 4,000.00 | 1,520.00 | 500.00 | 300.00 | 6,320.00 | 441.60 | 110.40 | 55.20 | 53.00 | 712.80 | 21.38 | 5,638.00 |
| XP008 | 圆圆 | 行政部 | 5,500.00 | 2,200.00 | 500.00 | - | 8,200.00 | 616.00 | 154.00 | 77.00 | 122.00 | 2,353.00 | 70.59 | 7,160.00 |
| XP009 | 黄小小 | 市场部 | 5,800.00 | 3,200.00 | 500.00 | 421.00 | 9,921.00 | 720.00 | 180.00 | 90.00 | 299.00 | 3,931.00 | 183.10 | 8,449.00 |
| XP010 | 何大大 | 市场部 | 5,000.00 | 2,320.00 | 500.00 | 167.00 | 7,987.00 | 585.60 | 146.40 | 73.20 | - | 2,181.80 | 65.45 | 7,116.00 |
| XP011 | 小鱼儿 | 行政部 | 4,000.00 | 3,520.00 | 400.00 | - | 7,920.00 | 601.60 | 150.40 | 75.20 | - | 2,092.80 | 62.78 | 7,030.00 |
| XP012 | 圆圆 | 物流部 | 3,800.00 | 2,200.00 | 350.00 | 34.00 | 6,384.00 | 480.00 | 120.00 | 60.00 | - | 724.00 | 21.72 | 5,702.00 |
| XP013 | 满满 | 财务部 | 4,000.00 | 3,400.00 | 500.00 | - | 7,900.00 | 592.00 | 148.00 | 74.00 | 100.00 | 2,086.00 | 62.58 | 6,923.00 |
| XP014 | 美人鱼 | 人力资源部 | 8,800.00 | 3,360.00 | 500.00 | 109.00 | 12,769.00 | 972.80 | 243.20 | 121.60 | - | 6,431.40 | 433.14 | 10,998.00 |
| XP015 | 美人鱼2 | 物流部 | 5,500.00 | 1,600.00 | 250.00 | - | 7,350.00 | 568.00 | 142.00 | 71.00 | 356.00 | 1,569.00 | 47.07 | 6,166.00 |
| XP016 | 美人鱼3 | 市场部 | 8,800.00 | 2,200.00 | 500.00 | 188.00 | 10,888.00 | 816.00 | 204.00 | 102.00 | - | 4,766.00 | 266.60 | 9,499.00 |
| XP017 | 美人鱼4 | 物流部 | 5,800.00 | 3,520.00 | 350.00 | 277.00 | 9,947.00 | 745.60 | 186.40 | 93.20 | - | 3,921.80 | 182.18 | 8,740.00 |
| XP018 | 美人鱼 | 人力资源部 | 5,500.00 | 2,340.00 | 500.00 | 414.00 | 8,754.00 | 627.20 | 156.80 | 78.40 | - | 2,891.60 | 86.75 | 7,805.00 |
| XP019 | 美人鱼6 | 行政部 | 4,000.00 | 2,000.00 | 500.00 | 76.00 | 6,576.00 | 480.00 | 120.00 | 60.00 | - | 916.00 | 27.48 | 5,889.00 |
| XP020 | 美人鱼7 | 人力资源部 | 5,500.00 | 1,540.00 | 350.00 | - | 7,390.00 | 563.20 | 140.80 | 70.40 | 78.00 | 1,615.60 | 48.47 | 6,489.00 |
| XP021 | 美RY8 | 财务部 | 5,800.00 | 1,600.00 | 500.00 | 270.00 | 8,170.00 | 592.00 | 148.00 | 74.00 | 245.00 | 2,356.00 | 70.68 | 7,040.00 |

图 2-9-15　实例效果

## 五、实战模拟

跟着小伊学习，大家有没有掌握员工工资表的制作呢？下面我们一起来实战模拟练习。

**练 习** 制作一份"员工工资管理表"

实战模拟
制作一份"员工工资管理表"

为了实现对员工工资的轻松、高效管理，惠民企业制作了一份员工工资管理表。现在邀请你一起来完善这份工资管理表，完善效果如图 2-9-16 所示。

| 序号 | 姓名 | 基本工资 | 岗位工资 | 绩效工资 | 全勤奖 | 加班费 | 交通补贴 | 电话补贴 | 住房补贴 | 保密费 | 奖金 | 社保基数 | 应发工资 | 养老 | 医疗 | 失业 | 住房公积金 | 应税工资 | 个人所得税 | 实发工资 |
|---|---|---|---|---|---|---|---|---|---|---|---|---|---|---|---|---|---|---|---|---|
| | | | | | | | | | | | | | | 8.0% | 2.0% | 0.5% | 12.0% | | | |
| 1 | 甲 | 2500 | 800 | 1600 | 100 | 600 | 300 | 300 | 600 | 300 | 9000 | 5500 | 16100 | 440 | 110 | 27.5 | 660 | 14862.5 | S | 14086.3 |
| 2 | 乙 | 1500 | 200 | 2200 | 100 | 840 | 300 | 300 | 600 | 300 | 9000 | 4600 | 15340 | 368 | 92 | 23 | 552 | 14305 | 720.5 | 13584.5 |
| 3 | 丙 | 0 | 2000 | 0 | 1000 | 1000 | 1000 | 600 | 300 | 300 | 9000 | 8000 | 17900 | 640 | 160 | 40 | 960 | 16100 | 900 | 15200 |
| 4 | 丁 | 6000 | 3000 | 6000 | 1000 | 1000 | 600 | 300 | 3000 | 3000 | 9000 | 3000 | 30200 | 240 | 60 | 15 | 360 | 29525 | 3495 | 26030 |
| 5 | 戊 | 4750 | 3600 | 5200 | 1450 | 1200 | 650 | 300 | 600 | 4350 | 9000 | 4250 | 31100 | 340 | 85 | 21.25 | 510 | 30143.8 | 3625.94 | 26517.8 |
| 6 | 己 | 5650 | 4440 | 6300 | 1810 | 1336 | 720 | 300 | 600 | 5430 | 9000 | 3840 | 35586 | 307 | 76.8 | 19.2 | 460.8 | 34722 | 4770.5 | 29951.5 |
| 7 | 庚 | 6550 | 5280 | 7400 | 2170 | 1472 | 790 | 300 | 600 | 6510 | 9000 | 3430 | 40072 | 274 | 68.6 | 17.15 | 411.6 | 39300.3 | 5915.06 | 33385.2 |
| 8 | 辛 | 7450 | 6120 | 8500 | 2530 | 1608 | 860 | 300 | 600 | 7590 | 9000 | 3020 | 44558 | 242 | 60.4 | 15.1 | 362.4 | 43878.5 | 7253.55 | 36625 |
| 9 | 壬 | 8350 | 6960 | 9600 | 2890 | 1744 | 930 | 300 | 600 | 8670 | 9000 | 2610 | 49044 | 209 | 52.2 | 13.05 | 313.2 | 48456.8 | 8627.03 | 39829.7 |
| 10 | 癸 | 9250 | 7800 | 10700 | 3250 | 1880 | 1000 | 600 | 300 | 9750 | 9000 | 2200 | 53530 | 176 | 44 | 11 | 264 | 53035 | 10000.5 | 43034.5 |

图 2-9-16　完善效果

**制作要求：**

（1）打开"惠民企业工资管理表"工作簿，完成"应发工资""养老""医疗""失业""住房公积金""应税工资""个人所得税""实发工资"的计算。

① 应发工资=基本工资+岗位工资+绩效工资+全勤奖+加班费+交通补贴+电话补贴+住房补贴+保密费+奖金。

② 养老=社保基数×8%，医疗=社保基数×2%，失业=社保基数×0.5%，住房公积金=社保基数×12%。

③ 应税工资=应发工资−（养老+医疗+失业+住房公积金）−5000。

④ 个人所得税=ROUND(MAX((T3)*{3,10,20,25,30,35,45}%-{0,210,1410,2660,4410,7160,15160},0),2)。

注意：T3 代表"应税工资"。

⑤ 实发工资=应税工资-个人所得税。

（2）格式化"工资表"。

① 选中 B1:V1 单元格区域，将列标题的字符格式设置为"微软雅黑、12、加粗"，字体颜色设置为白色，并添加深蓝色的底纹。

② 选中 B3:V13 单元格区域，将字符格式设置为"微软雅黑、11"，字体颜色设置为"黑色"。

③ 选中 B1:V13 单元格区域，添加所有框线。

# 实例十　制作工资查询表

实例十
制作工资查询表

## 一、实例背景

小羽是星创企业的财务人员，财务部长要求她制作一份员工工资查询表，方便企业员工查看自己的工资条。接到任务后，小羽使用 WPS 表格开始工资查询表的制作。

## 二、实例分析

小羽整理了一下思路，准备从以下几个方面来完成制表任务。

（1）创建工作簿，重命名和复制工作表。

（2）格式化数据和表格。

（3）使用函数在"工资查询表"中显示各员工的工资信息。

## 三、制作过程

本实例要制作的"工资查询表"是在上个实例"员工工资明细表"的基础上制作的，利用 VLOOKUP 函数可以实现每个员工进行工资查询的需求。当输入员工的"员工号"时，可动态地在"工资查询表"显示该员工的各项工资信息。

1. 创建工作簿，重命名和复制工作表

（1）启动 WPS，新建一份空白工作簿。

（2）将创建的工作簿以"工资查询表.et"为名保存到相应的文件夹中。

（3）将工作簿中的 Sheet1 工作表重命名为"工资查询表"。

（4）打开"员工工资明细表"工作簿，在"员工工资明细表"工作表标签上右击，在弹出的快捷菜单中选择"移动或复制工作表"选项，在弹出的"移动或复制工作表"对话框中选择将选定工作表移至"工资查询表"工作簿中的"工资查询表"之前，单击"确定"按钮，完成"员工工资明细表"的移动，如图 2-10-1 所示。

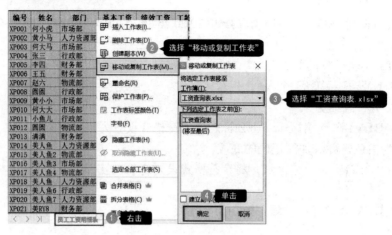

图 2-10-1 移动工作表

## 2. 创建 "工资查询表" 工作表

创建如图 2-10-2 所示的 "工资查询表" 工作表。

| 工资查询表 | | |
|---|---|---|
| 员工号 | 姓名 | 部门 |
| 基本工资 | 养老保险 | 应发工资 |
| 绩效工资 | 医疗保险 | 应税工资 |
| 工龄工资 | 失业保险 | 个人所得税 |
| 加班费 | 考勤扣款 | 实发工资 |

图 2-10-2 工资查询表

## 3. 格式化 "工资查询表" 工作表

（1）选中 A1:F1 单元格区域，将工作表的标题合并后居中，设置字符格式为 "微软雅黑、24"，标题行行高为 "35"。

（2）选中 A2:F2 单元格区域，将字符格式设置为 "楷体、16、加粗"，行高设置为 "30"。

（3）选中 A3:F6 单元格区域，将字符格式设置为 "微软雅黑、11"，行高设置为 "30"。

（4）将 A2、C2、E2 三个单元格的底纹颜色设置为 "玫红色"（R：255，G：204，B：255）。

（5）将 B2、D2、F2 三个单元格的底纹颜色设置为 "橙色，着色 4，浅色 80%"。

（6）将 A3:A6、C3:C6、E3:E6 三个单元格区域的底纹颜色设置为 "白色，背景 1，深色 15%"。

（7）将 B3:B6、D3:D6、F3:F6 三个单元格区域的底纹颜色设置为 "青色"（R：204，G：255，B：255）。

（8）选中 A2:F6 单元格区域，添加 "所有框线"。

格式化后的 "工资查询表" 工作表效果如图 2-10-3 所示。

| | A | B | C | D | E | F |
|---|---|---|---|---|---|---|
| 1 | | | 工资查询表 | | | |
| 2 | 员工号 | | 姓名 | | 部门 | |
| 3 | 基本工资 | | 养老保险 | | 应发工资 | |
| 4 | 绩效工资 | | 医疗保险 | | 应税工资 | |
| 5 | 工龄工资 | | 失业保险 | | 个人所得税 | |
| 6 | 加班费 | | 考勤扣款 | | 实发工资 | |

图 2-10-3 格式化后的 "工资查询表" 工作表效果

### 4. 查询员工的工资信息

（1）选中 D2 单元格。

（2）插入 VLOOKUP 函数，设置如图 2-10-4 所示的参数。

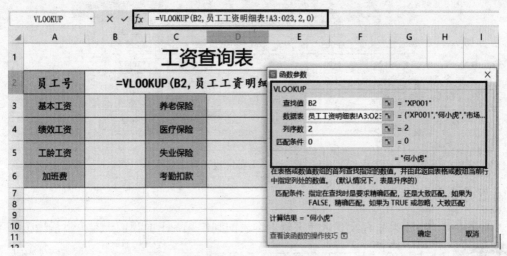

图 2-10-4　查询员工的工资信息

>> ● 小提示

VLOOKUP 函数参数设置如下：

① 查找值为"B2"（即员工号）。

② 数据表为"员工工资明细表!A3:O23"，即这里的"姓名"引用"员工工资明细表"工作表中 A3:O23 单元格区域的"姓名"数据。

③ 列序数为"2"，即引用的数据区域中"姓名"数据所在的列序号。

④ 匹配条件为"0"，即 VLOOKUP 函数将返回精确匹配值。

（3）采用类似的操作方法，使用 VLOOKUP 函数构建查询其他数据项的公式。也可以直接复制公式"=VLOOKUP(B2,员工工资明细表!A3:O23,2,0)"，然后更改序列数即可。如图 2-10-5 所示，"基本工资"在"员工工资明细表"工作表中第 4 列，所以把序列数改为"4"。

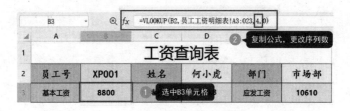

图 2-10-5　查询员工的其他信息

（4）取消网格线显示。单击"视图"选项卡，在"显示"组中取消对"显示网格线"复选框的勾选。

## 四、实例效果

实例效果如图 2-10-6 所示。

| | A | B | C | D | E | F | G |
|---|---|---|---|---|---|---|---|
| 1 | | | 工资查询表 | | | | |
| 2 | 员工号 | XP001 | 姓名 | 何小虎 | 部门 | 市场部 | |
| 3 | 基本工资 | 8800 | 养老保险 | 820.8 | 应发工资 | 10610 | |
| 4 | 绩效工资 | 1460 | 医疗保险 | 205.2 | 应税工资 | 4481.4 | |
| 5 | 工龄工资 | 350 | 失业保险 | 102.6 | 个人所得税 | 238.14 | |
| 6 | 加班费 | 0 | 考勤扣款 | 200 | 实发工资 | 9043 | |
| 7 | | | | | | | |
| 8 | | | | | | | |

图 2-10-6　实例效果

## 五、实战模拟

跟着小羽学习，大家有没有掌握工资查询表的制作呢？下面我们一起来实战模拟练习。

**练习**　制作一份"员工工资查询及工资条"

实战模拟
制作一份"员工工资
查询及工资条"

路北企业为我们提供了一份员工工资明细表，现在邀请你一起制作一份员工工资查询及工资条（注意：只需要输入任一员工编号，即可自动生成员工个人工资明细及工资条），制作效果如图 2-10-7 所示。

图 2-10-7　制作效果

**制作要求：**

（1）新建一个工作簿，命名为"员工工资查询及工资条.et"。

（2）创建"员工工资查询及工资条"工作表的框架，如图 2-10-8 所示。

图 2-10-8　创建"员工工资查询及工资条"工作表的框架

（3）利用 VLOOKUP 函数完成除"姓名"、"员工编号"和"员工签字"之外的工资信息。例如：

① 基本工资=VLOOKUP(B5,员工工资明细表!$B:$W,COLUMN(D1),0)。

② 奖金=VLOOKUP(B5,员工工资明细表!$B:$W,COLUMN(H1),0)。

说明：此处 B5 是员工编号。

>> ● **小提示**

WPS 中 COLUMN 函数：

① COLUMN 函数的含义/基本用途：返回给定单元格的列数。

② COLUMN 函数的基本语法/公式：=COLUMN(reference)，省略 reference 则默认返回函数 COLUMN 所在单元格的列数。例如，在单元格中输入公式"=COLUMN(B3)"，其结果是 2，即返回 B3 单元格所在的第 2 列。

（4）格式化"员工工资查询及工资条"工作表。

① 选中 A1:S1 单元格区域，将底纹填充颜色设置为"钢蓝，着色 1，深色 25%"。

② 将标题"员工工资查询及工资条"的字符格式设置为"微软雅黑、20、加粗"，字体颜色为"蓝色"，行高为"30"；选中 A2:S2 单元格区域，设置合并居中。

③ 选中 C4:D5 单元格区域，将底纹填充颜色设置为"金色，背景 2，深色 10%"。

④ 选中 E4:K5 单元格区域，将底纹填充颜色设置为"矢车菊蓝，着色 5，浅色 80%"。

⑤ 选中 K4:N5 单元格区域，将底纹填充颜色设置为"土黄色"（R：255，G：192，B：0）。

⑥ 其他单元格添加底纹的方法同上，自行设置。

⑦ 单元格字符格式设置为"宋体、9"，字体颜色设置为"黑色"。

# 演示文稿篇

◎ **知识目标**

1. 掌握演示文稿中文字、图片、图表的插入与设置。
2. 掌握演示文稿中幻灯片母版设置与应用。
3. 掌握演示文稿中动画效果的设置以及切换效果的设置。

◎ **能力目标**

1. 掌握演示文稿的设计制作与应用。
2. 掌握演示文稿的动画效果设置与应用。.

◎ **素养目标**

1. 爱岗敬业，认真做事，培养工匠精神。
2. 学习奥运精神，努力拼搏、奋勇争先。
3. 践行初心使命，精准有效防控疫情。

# 实例一　制作市场调查分析报告

## 一、实例背景

小许是某公司的市场部职员，之前负责调查目前手机用户的销量、用户比例、用户使用率等工作。经过一段时间调查，他要制作一份市场调查分析报告，向领导汇报工作。

## 二、实例分析

小许整理了一下思路，准备从以下几个方面来完成文稿制作。

（1）设置演示文稿页面、字体、字号等。

（2）插入图片、文本框、智能图形等。

（3）插入柱形图、饼图等图表。

（4）设置幻灯片背景、切换效果、动画效果等。

## 三、制作过程

### 1．新建演示文稿

新建以"白色"为背景的空白演示文稿，并命名为"实例一　市场调查分析报告.pptx"，如图 3-1-1 所示。

图 3-1-1　新建演示文稿

### 2．编辑演示文稿

（1）制作第 1 张"标题"幻灯片。

① 单击标题栏，输入文字"市场调查分析报告"，设置字符格式为"微软雅黑、60"字体颜色为"巧克力黄，着色 2，浅色 40%"，如图 3-1-2 所示。设置动画效果为"伸展"，

如图 3-1-3 所示，并调整好相应位置。

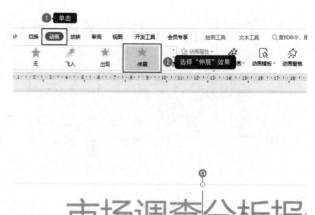

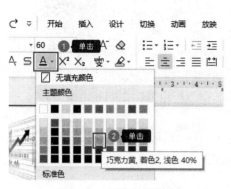

图 3-1-2  设置字体颜色        图 3-1-3  设置动画效果

② 单击副标题栏，输入文字"关于智能手机的发展、销量、用户比例等"，设置字符格式为"宋体、24"，动画效果为"擦除"，并调整好相应位置。

③ 单击"插入"选项卡中的"图片"按钮，插入图片"素材\实例素材\封面背景 1.jpg"。右击图片，在弹出的快捷菜单中选择"置于底层"选项，使其显示在标题后面。设置动画效果为"飞入，自右侧"，持续时间为"0.5 s"，并调整好相应位置。设置完成后，标题和背景图效果如图 3-1-4 所示。

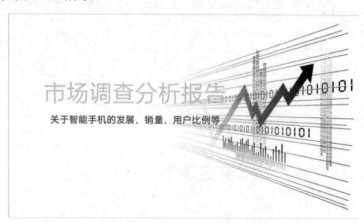

图 3-1-4  标题和背景图效果

④ 单击"插入"选项卡中"文本框"右侧的下拉按钮，在弹出的下拉菜单中选择"横向文本框"选项，拖曳鼠标指针绘制文本框，输入文字"汇报人：许某某"，设置字体为"宋体"，字号为"18"。单击"绘图工具"选项卡，设置文本框效果为"中等效果-矢车菊蓝，强调颜色 1"，并设置动画效果为"擦除"。文本设置效果如图 3-1-5 所示。

⑤ 单击"插入"选项卡中"文本框"右侧的下拉按钮，在弹出的下拉菜单中选择"横向文本框"选项，拖曳鼠标指针绘制文本框，输入文字"××××年××月××日"，设置字体为"宋体"，字号为"18"，动画效果为"擦除"。

完成第 1 张幻灯片，效果如图 3-1-6 所示。

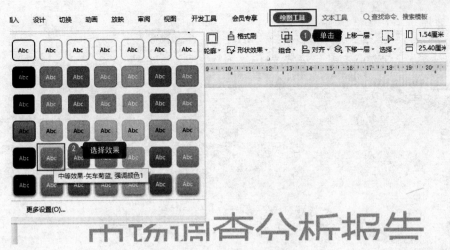

图 3-1-5  文本设置效果

图 3-1-6  第 1 张幻灯片效果

（2）编辑第 2 张幻灯片。

① 按 "Ctrl+M" 组合键，新增一张幻灯片。

② 单击 "设计" 选项卡中的 "背景" 按钮，在右侧打开的 "对象属性" 窗格中单击 "图片或纹理填充" 单选按钮，在 "图片填充" 下拉列表中选择 "本地文件" 选项，如图 3-1-7 所示，插入 "素材\实例素材\背景 1.jpg"。

③ 单击 "插入" 选项卡中的 "形状" 按钮，在弹出的 "预设" 菜单中选择 "矩形"，绘制一个小矩形，颜色设置为 "金色，着色 4，浅色 40%"，无线条，如图 3-1-8 所示。

④ 单击 "插入" 选项卡中 "文本框" 右侧的下拉按钮，在弹出的下拉菜单中选择 "横向文本框" 选项，拖曳鼠标指针绘制文本框，输入文字 "智能手机"，设置字符格式为 "方正粗黑宋体、36"，字体颜色为 "白色"，如图 3-1-9 所示，设置动画效果为 "飞入，自左侧"。

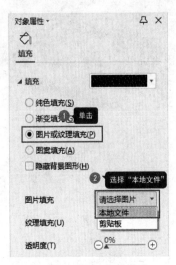

图 3-1-7  插入背景图片

图 3-1-8　绘制小矩形

⑤ 单击"插入"选项卡中"文本框"右侧的下拉按钮，在弹出的下拉菜单中选择"横向文本框"选项，拖曳鼠标指针绘制文本框，按 Enter 键到底部，设置填充类型为"渐变填充"，参数如图 3-1-10 所示。设置完成后，文本框效果如图 3-1-11 所示。

图 3-1-9　文本添加效果图

图 3-1-10　设置文本框

⑥ 单击"插入"选项卡中的"形状"按钮，在弹出的下拉菜单中选择"矩形"选项，绘制一个小矩形，设置颜色为"金色，着色 4，浅色 40%"，无线条。

⑦ 单击"插入"选项卡中"文本框"右侧的下拉按钮，在弹出的下拉菜单中选择"横向文本框"选项，拖曳鼠标指针绘制文本框，输入文字"智能手机是具有独立的操作系统……"，设置字符格式为"黑体、18"，最后将文本框与小矩形组合。后面两个文本框的做法与其相同，并设置动画效果为"擦除"。

完成第 2 张幻灯片，效果如图 3-1-12 所示。

图 3-1-11　文本框效果

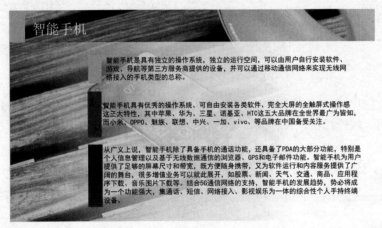

图 3-1-12　第 2 张幻灯片效果

（3）编辑第 3 张幻灯片。

① 添加一张"空白"版式幻灯片，单击"设计"选项卡中的"背景"按钮，在右侧打开的"对象属性"窗格中单击"纯色填充"单选按钮，颜色设置为"浅蓝"。

② 单击"插入"选项卡中的"形状"按钮，在弹出的下拉菜单中选择"箭头总汇-五边形"选项，绘制一个五边形，颜色设置为"钢蓝，着色 1，深色 25%"。

③ 单击"插入"选项卡中"文本框"右侧的下拉按钮，在弹出的下的拉菜单中选择"横向文本框"选项，拖曳鼠标指针绘制文本框，输入文字"智能手机发展历程"，设置字符格式为"方正粗黑宋简体、36"，动画效果为"飞入，自左侧"。形状和文本效果如图 3-1-13 所示。

图 3-1-13　形状和文本效果

④ 单击"插入"选项卡中的"智能图形"按钮，在打开的"智能图形"对话框中选择"流程"选项卡中的"降序流程"图，用鼠标绘制"降序流程"图，如图 3-1-14 所示。

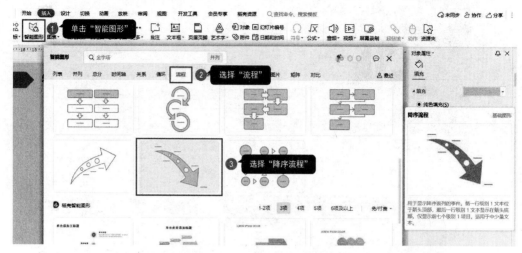

图 3-1-14　智能图形选择

⑤ 单击"更改颜色"按钮，在弹出的下拉菜单中选择"彩色-4"选项，并在"更改颜色"按钮右侧区域选择第 5 种样式，如图 3-1-15 所示。

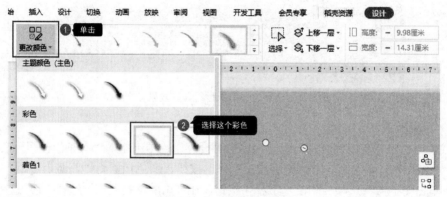

图 3-1-15　更改颜色设置

⑥ 单击右侧的"设计"选项卡，单击"添加项目"按钮，在弹出的下拉列表中选择"在后面添加项目"选项，添加 2 个点，即操作 2 次，如图 3-1-16 所示。

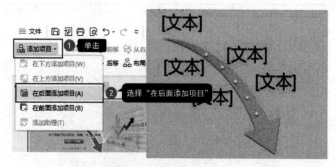

图 3-1-16　添加项目设置

⑦ 在每个点输入相应的文字，设置字符格式为“宋体、20”，并设置动画效果为“百叶窗”。

完成第 3 张幻灯片，效果如图 3-1-17 所示。

智能手机发展历程
IBM Simon诞生
支持Java功能的智能手机
塞班系统Symbian
诞生，诺基亚时代
苹果开发第一代iPhone
手机
谷歌开发Android系统，安卓
智能手机产生
华为开发
HarmonyOS系统

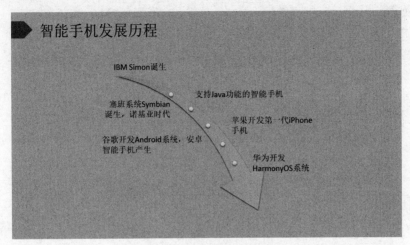

图 3-1-17　第 3 张幻灯片效果

（4）编辑第 4 张幻灯片。

① 添加一张“空白”版式幻灯片，单击“设计”选项卡中的“背景”按钮，在右侧打开的“对象属性”窗格中单击“图片或纹理填充”单选按钮，在“图片填充”下拉列表中选择“本地文件”选项，插入背景图片“素材\实例素材\背景 2.jpg”。

② 单击“插入”选项卡中的“形状”按钮，在弹出的下拉菜单中选择“基本形状-梯形”，绘制一个梯形，旋转 45°，设置填充颜色为“浅绿，着色 6，浅色 40%”。

③ 单击“插入”选项卡中“文本框”右侧的下拉按钮，在弹出的下拉菜单中选择“横向文本框”选项，拖曳鼠标指针绘制文本框，输入文字“智能手机发展历程”，设置字符格式为“方正粗黑宋简体、36”，动画效果为“飞入，自左侧”。

④ 单击“插入”选项卡中“文本框”右侧的下拉按钮，在弹出的下拉菜单中选择“横向文本框”选项，拖曳鼠标指针绘制文本框，输入文字“智能手机 IBM Simon（1993）……”，设置字符格式为“微软雅黑、20”，动画效果为“盒状-内”。

完成第 4 张幻灯片，效果如图 3-1-18 所示。

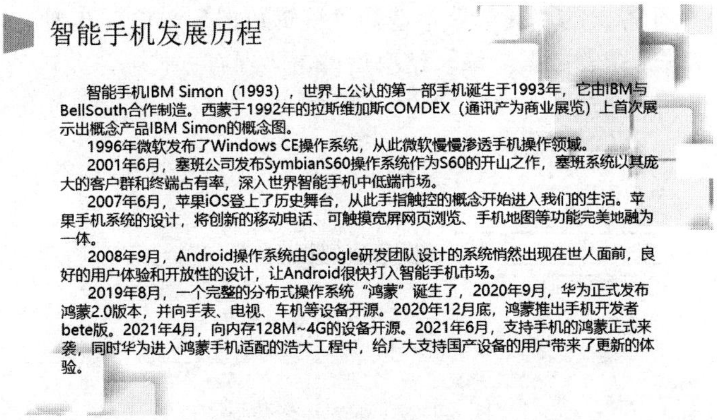

智能手机发展历程
智能手机IBM Simon（1993），世界上公认的第一部手机诞生于1993年，它由IBM与BellSouth合作制造。西蒙于1992年的拉斯维加斯COMDEX（通讯产为商业展览）上首次展示出概念产品IBM Simon的概念图。
1996年微软发布了Windows CE操作系统，从此微软慢慢渗透手机操作领域。
2001年6月，塞班公司发布SymbianS60操作系统作为S60的开山之作，塞班系统以其庞大的客户群和终端占有率，深入世界智能手机中低端市场。
2007年6月，苹果iOS登上了历史舞台，从此手指触控的概念开始进入我们的生活。苹果手机系统的设计，将创新的移动电话、可触摸宽屏网页浏览、手机地图等功能完美地融为一体。
2008年9月，Android操作系统由Google研发团队设计的系统悄然出现在世人面前，良好的用户体验和开放性的设计，让Android很快打入智能手机市场。
2019年8月，一个完整的分布式操作系统“鸿蒙”诞生了，2020年9月，华为正式发布鸿蒙2.0版本，并向手表、电视、车机等设备开源。2020年12月底，鸿蒙推出手机开发者bete版。2021年4月，向内存128M~4G的设备开源。2021年6月，支持手机的鸿蒙正式来袭，同时华为进入鸿蒙手机适配的浩大工程中，给广大支持国产设备的用户带来了更新的体验。

图 3-1-18　第 4 张幻灯片效果

（5）编辑第 5 张幻灯片。

① 添加一张"空白"版式幻灯片，单击"设计"选项卡中的"背景"按钮，在右侧打开的"对象属性"窗格中单击"纯色填充"单选按钮，设置背景颜色为"灰色-50%，背景 1，深色 35%"。

② 单击"插入"选项卡中的"形状"按钮，在弹出的下拉菜单中选择"基本形状-三角形"，绘制两个三角形，旋转 45°，颜色分别设置为"紫色-暗板颜蓝渐变"和"巧克力黄，着色 2，深色 25%"，并组合图形，效果如图 3-1-19 所示。

③ 单击"插入"选项卡中"文本框"右侧的下拉按钮，在弹出的下拉菜单中选择"横向文本框"选项，拖曳鼠标指针绘制文本框，输入标题"中国智能手机出货量"，设置字符格式为"方正粗黑宋简体、36"，字体颜色为"白色"，并设置动画效果为"飞入，自左侧"。文本框效果如图 3-1-20 所示。

图 3-1-19　三角形组合效果　　　　　　　图 3-1-20　文本框效果

④ 单击"插入"选项卡中的"图表"按钮，在打开的"图表"对话框中选择"条形图"选项卡，再从右侧选择"簇状条形图"选项，如图 3-1-21 所示。

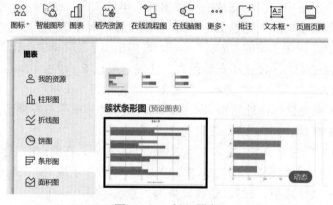

图 3-1-21　插入图表

⑤ 右击表格，在弹出的快捷菜单中选择"编辑数据"选项，在弹出的"WPS 演示中的图表"工作簿中编辑图表数据，编辑结束后单击"保存"按钮。

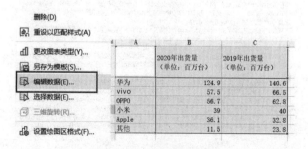

图 3-1-22　编辑图表数据

⑥ 修饰图表。

a. 在图表标题栏中输入文字"中国智能手机前五出货量 第四季度（单位：百万台）"，并设置图表预设样式为"样式7"，如图3-1-23所示。

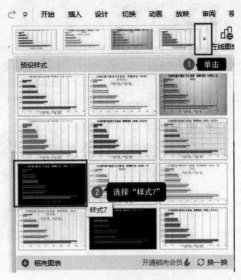

图 3-1-23 设置图表样式

b. 单击第1根条形，设置填充颜色为"暗金菊黄，着色4，深色25%"，如图3-1-24所示。将图表整体大小调整合适，并设置动画效果为"盒状-外"。

完成第5张幻灯片，效果如图3-1-25所示。

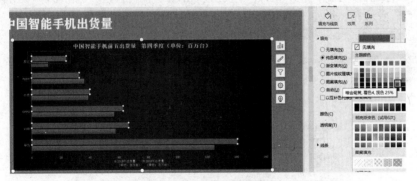

图 3-1-24 设置条形颜色

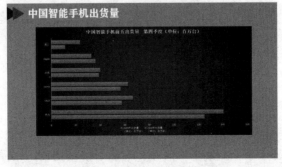

图 3-1-25 第5张幻灯片效果

（6）编辑第 6 张幻灯片。

① 采用与第 5 张幻灯片相同的操作方式完成第 6 张幻灯片。

② 设置背景为"纹理-有色纸 1"，插入图表，图表数据参数如图 1-26 所示，图表设置预设"样式 8"，设置字符格式为"宋体、16 号"。

完成第 6 张幻灯片，效果如图 3-1-27 所示。

| | A | B |
|---|---|---|
| 1 | | 市场占比率 |
| 2 | 华为 | 30.70% |
| 3 | vivo | 16.10% |
| 4 | OPPO | 14.60% |
| 5 | iphone | 12.50% |
| 6 | 小米 | 10.50% |
| 7 | 三星 | 0.90% |
| 8 | 其他 | 1.20% |

图 3-1-26　图表数据参数　　　　　　　　图 3-1-27　第 6 张幻灯片效果

（7）编辑第 7 张幻灯片。

① 添加一张"标题和内容"版式幻灯片，单击"设计"选项卡中"背景"按钮，在右侧打开的"对象属性"窗格中单击"图片或纹理填充"单选按钮，在"图片填充"下拉列表中选择"本地文件"选项，插入背景图片"素材\实例素材\背景 2.jpg"。

② 单击标题栏，输入文字"智能手机用户占比率"，设置字符格式为"宋体、32"，预设样式为"渐变填充-金色，轮廓-着色 4"，动画效果为"擦除"。

③ 内容栏输入文字"分析机构最新研究表明……"，设置字符格式为"微软雅黑、20号"，动画效果为"擦除"。设置完成后，左边栏内容效果如图 3-1-28 所示。

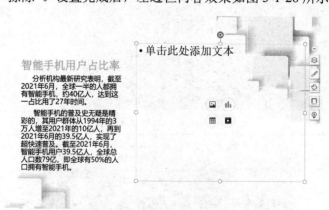

图 3-1-28　左边栏内容效果

④ 图表制作。

a. 单击"插入"选项卡中的"图表"按钮，在打开的"图表"对话框中选择"折线图"选项卡，再从右侧选择"堆积折线图"选项。然后右击该图表，在弹出的快捷菜单中选择"编辑数据"选项，打开"WPS 演示中的图表"工作簿，图表数据如图 3-1-29 所示，编辑数据后保存。然后重新选择数据，在图表上右击，在弹出的快捷菜单中选择"选择数据"选项，打开"编辑数据源"对话框，在"系列生成方向"下拉列表中选择"每行数据作为一个系列"选项，在"图例项（系列）"中删除"年份"；在"轴标签（分类）"选区中单击"编辑"按钮 ，在"类别"列表框中选择年份范围，单击"确定"按钮即可，如图 3-1-30 所示。

图 3-1-29 图表数据

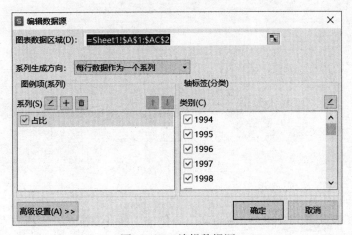

图 3-1-30 编辑数据源

b. 输入图表标题"智能手机用户占比率"，删除"图例"。单击"图表元素"按钮→勾选"轴标题"复选框→勾选"主要横坐标轴"复选框，如图 3-1-31 所示，并在"坐标轴标题"处输入"年份"。

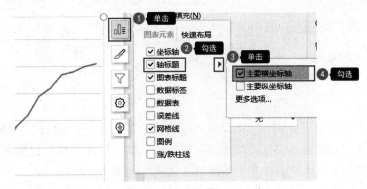

图 3-1-31 设置图表元素

c. 设置线条颜色为"橙色，着色 4，深色 25%"，并设置动画效果为"飞入，自右侧"。完成第 7 张幻灯片，效果如图 3-1-32 所示。

（8）编辑第 8 张幻灯片。

① 采用与第 7 张幻灯片类似的操作方式完成第 8 张幻灯片。输入标题和文字，插入"百分比堆积条形图"，编辑数据，图表数据如图 3-1-33 所示，然后重新选择数据。

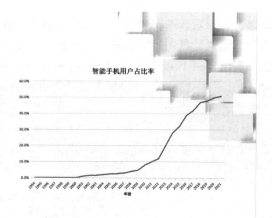

智能手机用户占比率

　　分析机构最新研究表明，截至2021年6月，全球一半的人都拥有智能手机，约40亿人，达到这一占比用了27年时间。

　　智能手机的普及史无疑是精彩的，其用户群体从1994年的3万人增至2021年的10亿人，再到2021年6月的39.5亿人，实现了超快速普及。截至2021年6月，智能手机用户39.5亿人，全球总人口数79亿，即全球有50%的人口拥有智能手机。

图 3-1-32　第 7 张幻灯片效果

| | 24岁及以 | 25-34岁 | 35-44岁 | 45岁+ |
|---|---|---|---|---|
| 5G手机人群（2 | 27.8% | 41.0% | 21.5% | 9.7% |
| 5G手机人群（2 | 23.5% | 44.0% | 23.0% | 9.5% |
| 全量人群（202 | 22.8% | 33.8% | 24.0% | 19.4% |

图 3-1-33　图表数据

② 图表修饰。

a. 单击"图表元素"按钮中"坐标轴"右侧的"展开"按钮，取消对"主要横坐标轴"复选框的勾选，如图 3-1-34 所示。

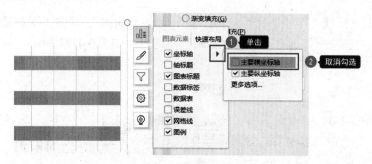

图 3-1-34　设置图表元素

b. 4 个段的颜色设置分别为"R:36,G:69,B:204""R:0,G:143,B:255""R:0,G:116,B:239"和"R：176，G：200，B：235"。单击第一段，在右侧"对象属性"窗格中单击"颜色"选项，在弹出的下拉列表中选择"更多颜色"选项，如图 3-1-35 所示。

c. 在打开的"颜色"对话框中输入对应的 RGB 色号，如图 3-1-36 所示，即可出现该色。完成第 8 张幻灯片，效果如图 3-1-37 所示。

（9）编辑第 9 张幻灯片。

① 添加一张"空白"版式幻灯片，单击"设计"选项卡中"背景"按钮，在右侧打开的"对象属性"窗格中选中"渐变填充"单选按钮，设置背景色为"渐变色-白色，金色，暗橄榄绿"，如图 3-1-38 所示。

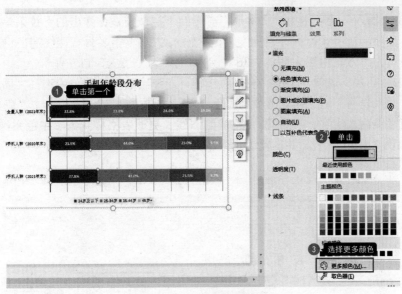

图 3-1-35　设置图表段颜色

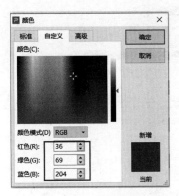

图 3-1-36　设置颜色

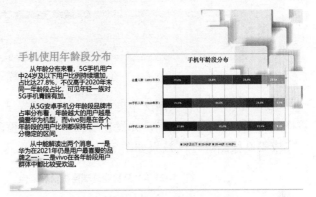

图 3-1-37　第 8 张幻灯片效果

　　② 单击"插入"选项卡中的"形状"按钮，在弹出的下拉菜单中选择"基本形状-饼形"选项，如图 3-1-39 所示，绘制一个饼形，旋转 45°，填充颜色为"橙色，着色 4"。

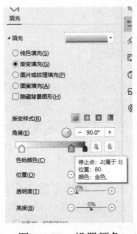

图 3-1-38　设置颜色

图 3-1-39　添加形状

③ 单击"插入"选项卡中"文本框"右侧的下拉按钮，在弹出的下拉菜单中选择"横向文本框"选项，拖曳鼠标指针绘制文本框，输入"2021 年×月智能终端换机品牌去向"，设置字符格式为"方正粗黑宋简体、36"，动画效果为"飞入，自左侧"。

④ 单击"插入"选项卡中的"表格"按钮，在弹出的下拉菜单中选择"插入表格"选项，打开"插入表格"对话框，设置行数为"6"，列数为"7"，最后单击"确定"按钮。在生成的表格中输入文字，并且第 1 格绘制斜线。更改表格样式为"中色系-中度样式 2-强调 4"，如图 3-1-40 所示，并设置动画效果为"百叶窗"。

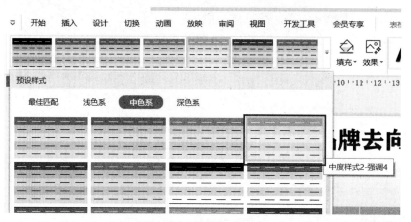

图 3-1-40    表格预设样式

⑤ 在表格下方插入横向文本框，输入文字"注：去向占比，在统计周期（月）内……"，字符格式设置为"宋体、18"，并设置动画效果为"擦除"。

完成第 9 张幻灯片，效果如图 3-1-41 所示。

**2021年×月智能终端换机品牌去向**

| 去向\来源 | 华为 | Apple | OPPO | vivo | 小米 | 其他 |
|---|---|---|---|---|---|---|
| 华为 | 48.4% | 12.3% | 15.8% | 9.7% | 7.8% | 6.1% |
| Apple | 22.0% | 47.3% | 9.5% | 6.6% | 6.2% | 8.5% |
| OPPO | 17.2% | 9.2% | 48.7% | 14.6% | 6.0% | 4.4% |
| vivo | 18.4% | 9.0% | 25.6% | 34.3% | 7.7% | 5.0% |
| 小米 | 11.0% | 8.6% | 8.2% | 6.0% | 63.2% | 2.9% |

图 3-1-41    第 9 张幻灯片效果

（10）编辑第 10 张幻灯片。

① 添加一张"空白"版式幻灯片，单击"设计"选项卡中的"背景"按钮，在右侧打开的"对象属性"窗格中将填充设置为"渐变填充"，背景设置为"渐变色-白色，深天蓝，深天蓝"。

② 单击"插入"选项卡中的"形状"按钮，在弹出的下拉菜单中选择"箭头总汇-燕尾形"选项，绘制一个燕尾形箭头，颜色设置为"道奇蓝（R:101;G:217;B:255）"，然后复制并粘贴 2 个燕尾形箭头，将其组合，形状效果如图 3-1-42 所示。

③ 单击"插入"选项卡中"文本框"右侧的下拉按钮，在弹出的下拉菜单中选择"横

向文本框"选项,拖曳鼠标指针绘制文本框,输入文字"智能终端品牌换机用户本品牌去向占比",设置字符格式为"方正粗黑宋简体、36",字体颜色为"蓝色",动画效果为"飞入,自左侧"。

④ 单击"插入"选项卡中的"图表"按钮,打开"图表"对话框,先在左侧选择"柱形图"选项卡,再从右侧选择"簇状条形图"选项。编辑数据,图表数据如图 3-1-43 所示,然后重新选择数据,最后设置动画效果为"盒状,外"。

完成第 10 张幻灯片,效果如图 3-1-44 所示。

图 3-1-42　形状效果

|   | A | B | C |
|---|---|---|---|
| 1 |   | 2020-06 | 2021-06 |
| 2 | 华为 | 51.1% | 48.4% |
| 3 | Apple | 44.7% | 47.3% |
| 4 | OPPO | 35.9% | 48.7% |
| 5 | vivo | 34.0% | 34.3% |
| 6 | 小米 | 37.3% | 63.2% |

图 3-1-43　图表数据

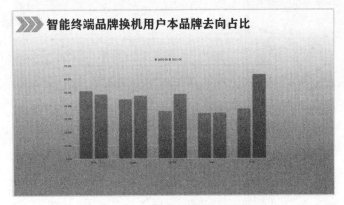

图 3-1-44　第 10 张幻灯片效果

## 四、实例效果

实例效果如图 3-1-45 所示。

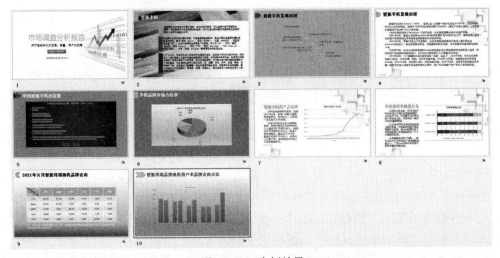

图 3-1-45　实例效果

### 五、实战模拟

跟着小许学习，大家对演示文稿的制作有没有更多的认识呢？下面我们一起来实战模拟练习。

| 练 习 | 制作一份"夏日空调品牌调研"演示文稿 |
| --- | --- |

在这炎炎夏天里，空调成为家家户户必不可少的家用电器，那么空调的品牌众多，大家会如何选择呢？不同品牌的空调市场占有率又是多少呢？请你来制作一份"夏日空调品牌调研"演示文稿，制作效果如图 3-1-46 所示。

实战模拟
制作一份"夏日空调品牌调研"演示文稿

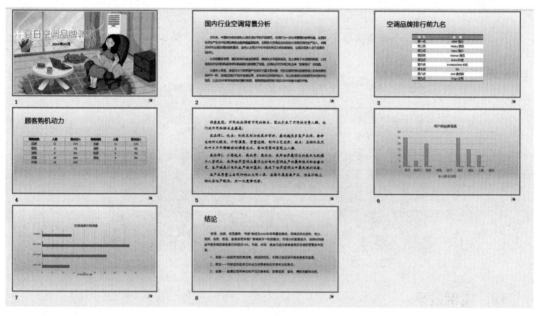

图 3-1-46　制作效果

**制作要求：**

（1）新建演示文稿，保存为"夏日品牌调研.pptx"。

（2）新建第 1 张幻灯片，插入背景图片"素材\实战素材\背景.jpeg"；输入标题文字"夏日空调品牌调研"，设置字体样式为"填充-钢蓝，着色 5，轮廓-背景 1，清晰阴影-着色 5"；输入副标题文字"20××年××月"；移动标题和副标题到合适位置。

（3）新建幻灯片，背景颜色设置为"'渐变-白色'，'金色，着色 4，浅色 40%'，'金色，着色 4，浅色 60%'，'金色，着色 4，浅色 80%'"；输入标题文字"国内行业空调背景分析"，输入内容文字"近年来，中国经济的发展和人民……"。

（4）新建幻灯片，背景设置同上；输入标题文字"空调品牌排行前九名"；插入 10 行 2 列的表格，输入对应文字；设置表格样式为"中度样式 3-强调 4"。

（5）新建幻灯片，背景设置同上；输入标题文字"顾客购机动力"；插入 6 行 6 列表格，输入相应文字；设置表格样式为"浅色样式 3-强调 4"。

（6）新建幻灯片，背景设置同上；输入内容文字"调查发现，不同的品牌有不同……"，字符格式设置为"楷体、25"，行距设置为"1.5 倍行距"。

（7）新建一张"空白"版式幻灯片，插入"簇状柱形图"，输入如图 3-1-47 所示数据，然后重新选择数据，输入标题文字"用户青睐度调查"，图片字体大小设置为"18"，图表样式为"样式 5"，调整图表到合适大小。

（8）新建一张"空白"版式幻灯片，插入"簇状条形图"，输入如图 3-1-48 所示数据，然后重新选择数据，输入标题文字"空调消费价格调查"，图表调整至合适大小。

| 品牌 | 人数 | 比例 |
|------|------|------|
| 格力 | 25 | 25% |
| 格兰仕 | 5 | 5% |
| 美的 | 20 | 20% |
| 志高 | 0 | 0% |
| 松下 | 0 | 0% |
| 海尔 | 25 | 25% |
| 海信 | 15 | 15% |
| 三菱 | 10 | 10% |
| 其他 | 0 | 0% |

图 3-1-47　图表数据

|  | A | B<br>1000~1500 | C<br>1500~2000 | D<br>2000~4000 | E<br>4000以上 |
|--|---|-----|-----|-----|-----|
| 人数 |  | 13 | 31 | 42 | 14 |
| 百分比% |  | 13% | 31% | 42% | 14% |

图 3-1-48　图表数据

（9）新建"标题与内容"版式幻灯片，输入标题文字"结论"，内容输入"超薄、变频、优质服务……"，设置字符格式为"微软雅黑、20"，行距为"1.5 倍行距"。

（10）为所有幻灯片设置合适的切换效果及动画效果。

# 实例二　制作产品宣传推广报告

实例二
制作产品宣传推广报告

## 一、实例背景

随着时代的发展，科技的不断进步，××公司的扫地机器人成为新一代的高科技产品，方便了大家的生活。为此某公司职员小林对该公司扫地机器人产品做了一个宣传推广报告。

## 二、实例分析

小林整理了一下思路，准备从以下几个方面来完成文稿制作。

（1）设置演示文稿页面、字体、字号等。

（2）插入图片、文本框、智能图形等。

（3）插入柱形图、条形图等图表。

（4）设置切换效果、动画效果等。

（5）设置幻灯片母版。

## 三、制作过程

1. 新建演示文稿、设置幻灯片母版

（1）新建以"白色"为背景的空白演示文稿，如图 3-2-1 所示，并命名为"产品宣传推广.pptx"。

图 3-2-1　新建演示文稿

（2）编辑幻灯片母版。

① 单击"设计"选项卡，然后单击"编辑母版"按钮，进入"幻灯片母版"选项卡，如图 3-2-2 所示。

图 3-2-2　幻灯片母版

② 在右侧"对象属性"窗格中将母版背景填充颜色设置为"白烟，背景 1，深色 5%"，如图 3-2-3 所示，最后单击下方的"全部应用"按钮。

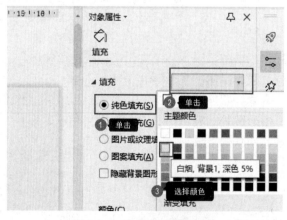

图 3-2-3　设置母版背景颜色

③ 选择"空白"版式幻灯片，单击"插入"选项卡中的"形状"按钮，在弹出的下拉菜单中选择"矩形-圆角矩形"。绘制 2 个圆角矩形，并旋转 45°，相互重叠在一起，分别

设置形状效果为"浅色1轮廓,彩色填充-钢蓝,强调颜色5"和"浅色1轮廓,彩色填充-浅绿,强调颜色6",如图3-2-4所示。设置完成后的形状效果如图3-2-5所示,并分别设置动画效果为"飞入,自左侧,在上一动画之后"。

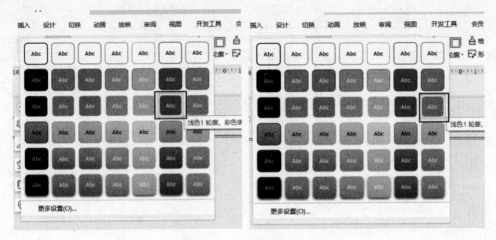

图 3-2-4　设置形状效果

④ 在下方绘制2条直线,设置颜色效果分别为"强调线-强调颜色5"和"强调线-强调颜色6",如图3-2-6所示,并设置动画效果为"擦除,自左侧",设置完成后的母版效果如图 3-2-7 所示。最后单击"幻灯片母版"选项卡中的"关闭"按钮,退出幻灯片母版编辑。

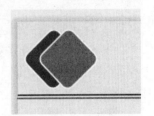

图 3-2-5　形状效果

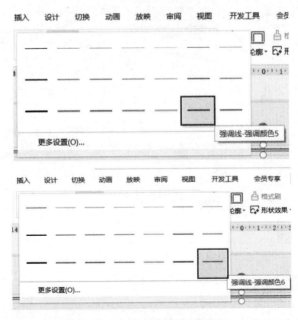

图 3-2-6　设置颜色效果

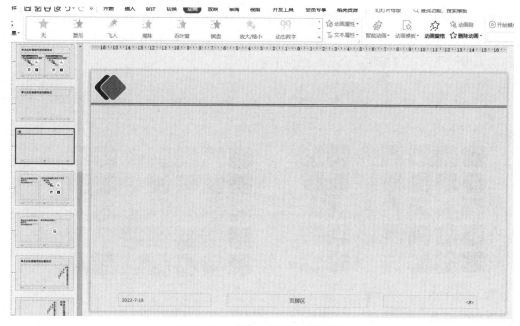

图 3-2-7 设置完成后的母版效果

## 2. 编辑演示文稿

（1）制作第 1 张"标题"幻灯片。

① 单击标题栏，输入文字"扫地机器人宣传推广"，设置字符格式为"方正粗黑宋简体、48"，单击"文本工具"选项卡，设置文字预设样式为"填充-钢蓝，着色 5，轮廓-背景 1，清晰阴影-着色 5"，如图 3-2-8 所示。根据需要将标题调整到相应位置，然后单击"动画"选项卡，设置动画效果为"阶梯状，在上一动画效果之后"，如图 3-2-9 所示。

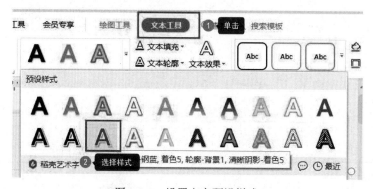

图 3-2-8 设置文字预设样式

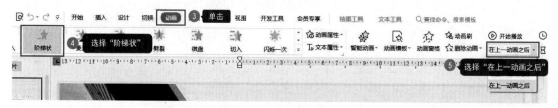

图 3-2-9 设置动画效果

② 单击副标题栏，输入文字"××公司品牌推广"，设置字符格式为"微软雅黑、24"。单击"文本工具"选项卡，设置文字预设样式为"填充-白色，轮廓-着色 5，阴影"，如图 3-2-10 所示。根据需要将副标题调整到相应的位置，并设置动画效果为"上升，在上一动画之后"。

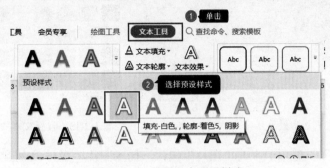

图 3-2-10　设置文本预设样式

③ 单击"插入"选项卡中"文本框"右侧的下拉按钮，在弹出的下拉菜单中选择"横向文本框"选项，在本张幻灯片右下角拖曳鼠标指针绘制两个文本框，分别输入文字"汇报人：×××"和"汇报时间：××××年××月"。

④ 单击"文本工具"选项卡，文本效果均设置为"强烈效果-浅绿，强调颜色 6"，如图 3-2-11 所示。动画效果设置为"上升，在上一动画之后"。

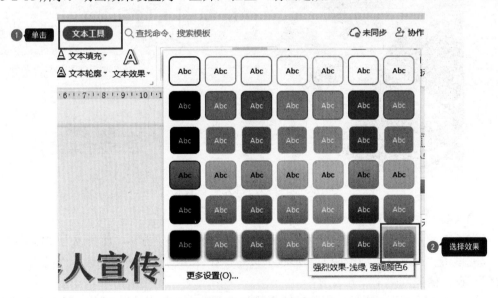

图 3-2-11　设置文本效果

⑤ 单击"插入"选项卡中的"形状"按钮，在弹出的下拉菜单中选择"箭头汇总-五边形"选项，绘制一个五边形，五边形效果如图 3-2-12 所示。然后单击"文本工具"选项卡，设置文本效果为"浅色 1 轮廓，彩色填充-浅绿，强调颜色 6"，如图 3-2-13 所示，并设置动画效果为"缓慢进入，自左侧，在上一动画之后"。

图 3-2-12　五边形效果

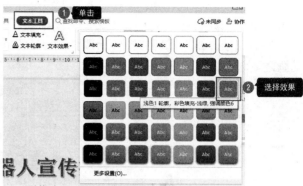

图 3-2-13　设置文本效果

⑥ 单击"插入"选项卡中的"图片"按钮,插入图片"素材\实例素材\背景 1.png",调整图片至合适位置,并设置动画效果为"飞入,自左侧,在上一动画之后"。

完成第 1 张幻灯片,效果如图 3-2-14 所示。

图 3-2-14　第 1 张幻灯片效果

(2) 编辑第 2 张幻灯片。

① 插入一张"标题与内容"版式幻灯片,删除现有框架内容,使其成为空白版面。

② 单击"插入"选项卡中的"形状"按钮,在弹出的下拉菜单中选择"箭头汇总-五边形",在左侧插入两个"五边形"。

③ 单击"绘图工具"选项卡,设置形状效果分别为"强烈效果-钢蓝,强调颜色 5"和"强烈效果-浅绿,强调颜色 6",如图 3-2-15 所示。单击"动画"选项卡,设置动画效果均为"飞入,自左侧",如图 3-2-16 所示。

④ 单击"插入"选项卡中"文本框"右侧的下拉按钮,在弹出的下拉菜单中选择"横向文本框"选项,拖曳鼠标指针绘制两个文本框,分别输入文字"CONTENTS"和"目　录",设置字号分别为"32"和"66",并设置动画效果均为"飞入,自左侧"。

设置完成后,目录效果如图 3-2-17 所示。

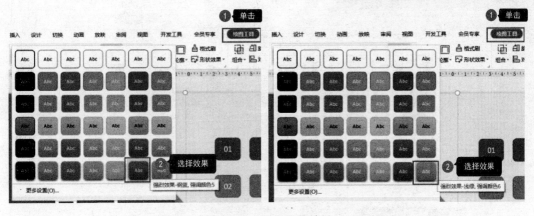

图 3-2-15　设置形状效果

图 3-2-16　设置动画效果

图 3-2-17　目录效果

⑤ 单击"插入"选项卡中"文本框"右侧的下拉按钮,在弹出的下拉菜单中选择"横向文本框"选项,拖曳鼠标指针绘制文本框,输入"01",单击"绘画工具"选项卡,设置形状效果为"纯色填充-钢蓝,强调颜色 5",文本效果设置如图 3-2-18 所示,并设置动画效果为"擦除-自底部"。

⑥ 单击"插入"选项卡中"文本框"右侧的下拉按钮,在弹出的下拉菜单中选择"横向文本框"选项,拖曳鼠标指针绘制文本框,输入"产品介绍",效果为"纯色填充-钢蓝,强调颜色 5",动画效果为"飞入,自右侧"。采用相同的操作方法,完成后面 3 个序号和标题设置。

完成第 2 张幻灯片,效果如图 3-2-19 所示。

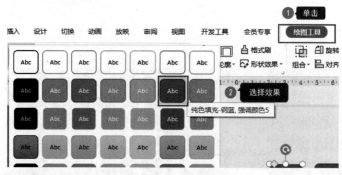

图 3-2-18　设置文本效果

图 3-2-19　第 2 张幻灯片效果

（3）编辑第 3 张幻灯片。

① 添加"空白"版式幻灯片，单击"插入"选项卡中"文本框"右侧的下拉按钮，在弹出的下拉菜单中选择"横向文本框"选项，拖曳鼠标指针绘制文本框，输入文字"产品介绍"，设置字符格式为"微软雅黑、36"。单击"文本工具"选项卡，设置文字预设样式为"填充-钢蓝，着色 5，轮廓-背景 1，清晰阴影-着色 5"，如图 3-2-20 所示，并设置动画效果为"擦除-自底部"。

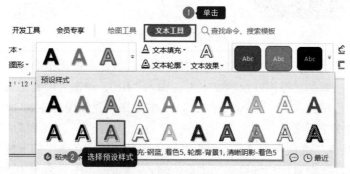

图 3-2-20　设置文本效果

② 单击"插入"选项卡中的"图片"按钮，插入 3 张图片"素材\实例素材\图片 1.png、图片 2.png、图片 3.png"，分别调整好大小和位置。

③ 单击"插入"选项卡中"文本框"右侧的下拉按钮，在弹出的下拉菜单中选择"横向文本框"选项，在每张图片下方绘制文本框，分别输入文字"产品一""产品二""产品三"。然后单击"文本工具"选项卡，设置文本效果为"纯色填充-钢蓝，强调颜色 5"，设置动画效果为"擦除-自底部"。

④ 单击"插入"选项卡中"文本框"右侧的下拉按钮，在弹出的下拉菜单中选择"横向文本框"选项，在"产品一""产品二""产品三"文本框下方绘制文本框，输入文字"扫地机器人，又称为自动打扫机……"，设置字符格式为"方正小标宋简体、18"，行距设置为"1.5 倍"，动画效果为"上升"。

完成第 3 张幻灯片，效果如图 3-2-21 所示。

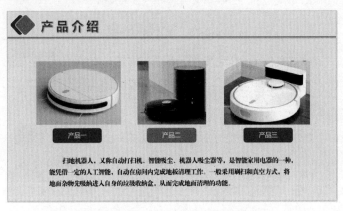

图 3-2-21　第 3 张幻灯片效果

（4）编辑第 4 张幻灯片。

① 添加"空白"版式幻灯片，复制上一张幻灯片的"产品介绍"文本框，粘贴在这张幻灯片上。

② 单击"插入"选项卡中"文本框"右侧的下拉按钮，在弹出的下拉菜单中选择"横向文本框"选项，拖曳鼠标指针绘制文本框，输入文字"产品一：说一声，就干净……"，设置全文字符格式为"宋体，18"，行距为"1.5 倍行距"。分别设置"产品一""产品二""产品三"这三行文字字形为"加粗"，并设置动画效果为"擦除，自顶部"。

完成第 4 张幻灯片，效果如图 3-2-22 所示。

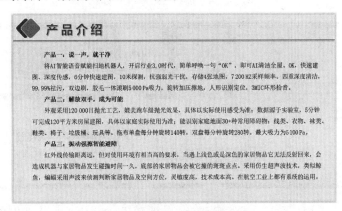

图 3-2-22　第 4 张幻灯片效果

（5）编辑第 5 张幻灯片。

① 添加一张"空白"版式幻灯片，复制上一张幻灯片的"产品介绍"文本框，粘贴在这张幻灯片上。

② 单击"插入"选项卡中的"图片"按钮，插入图片"素材\实例素材\房屋平面图.jpeg"，利用"图片工具"选项卡中的"裁剪"功能，如图 3-2-23 所示，将图片裁剪并调整至合适大小。设置动画效果为"盒状，在上一动画之后"。

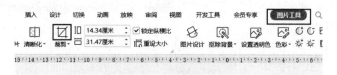

图 3-2-23　设置裁剪参数

③ 插入图片"素材\实例素材\动作图.png"，放置于此页幻灯片左侧。在"动画"选项卡中选择"任意多边形"，如图 3-2-24 所示，绘制一个如图 3-2-25 所示的路径。

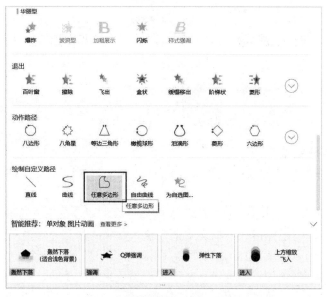

图 3-2-24　设置任意多边形动画

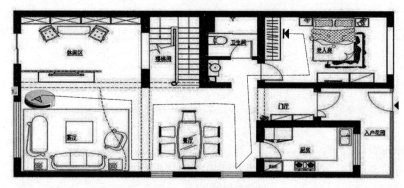

图 3-2-25　绘制路径

完成第 5 张幻灯片，效果如图 3-2-26 所示。

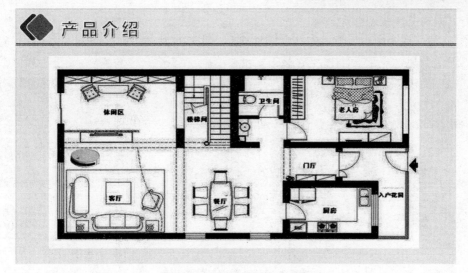

图 3-2-26　第 5 张幻灯片效果

（6）编辑第 6 张幻灯片。

① 添加一张"空白"版式幻灯片，单击"插入"选项卡中"文本框"右侧的下拉按钮，在弹出的下拉菜单中选择"横向文本框"选项，拖曳鼠标指针绘制文本框，输入文字"市场分析"，设置字符格式为"微软雅黑，36"，预设样式为"填充-钢蓝，着色 5，轮廓-背景 1，清晰阴影-着色 5"，形状文字效果如图 3-2-27 所示，并将动画效果设置为"擦除，自底部"。

② 单击"插入"选项卡中的"图表"按钮，在打开的"图表"对话框中选择"柱形图"选项卡，再从右侧选择"簇状柱形图"选项。编辑图表数据，如图 3-2-28 所示，关闭编辑窗口后右击图表，在弹出的快捷菜单中选择"选择数据"选项，打开"WPS演示中的图表"工作簿，在打开的"编辑数据源"对话框中重新勾选"年份"和"数据"复选框。

| | A | B |
|---|---|---|
| 1 | 年份 | 数据 |
| 2 | 2016 | 42.5 |
| 3 | 2017 | 56 |
| 4 | 2018 | 86.6 |
| 5 | 2019 | 78.9 |
| 6 | 2020 | 94 |
| 7 | 2021 | 110 |

图 3-2-27　形状文字效果　　　　　　　　图 3-2-28　图表数据

③ 修饰图表。

a. 输入图表标题"扫地机器人销售规模统计情况分析"。

b. 删除图例。

c. 图表柱形颜色设置为"钢蓝，着色 5"，如图 3-2-29 所示。

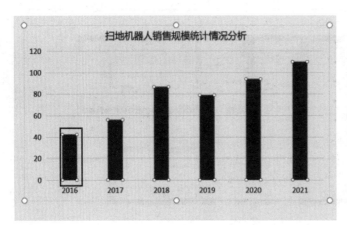
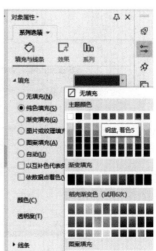

图 3-2-29　设置图表柱形颜色

d. 设置图表横纵坐标文字字号为"16"，并将图表调整至合适大小及位置。

e. 设置动画效果为"菱形"。

完成第 6 张幻灯片，效果如图 3-2-30 所示。

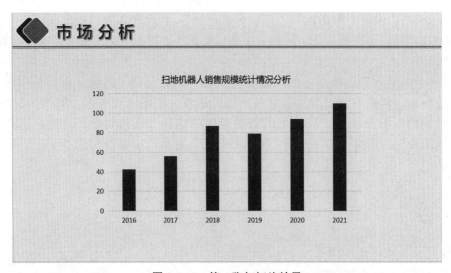

图 3-2-30　第 6 张幻灯片效果

（7）编辑第 7 张幻灯片。

采用与第 6 张幻灯片类似的操作方式，插入"折线图"，编辑图表数据，如图 3-2-31 所示。

完成第 7 张幻灯片，效果如图 3-2-32 所示。

（8）编辑第 8 张幻灯片。

① 添加一张"空白"版式幻灯片，单击"插入"选项卡中"文本框"右侧的下拉按钮，在弹出的下拉菜单中选择"横向文本框"选项，拖曳鼠标指针绘制文本框，输入文字"发展计划"，形状文字效果如图 3-2-33 所示，设置与上一张幻灯片标题相同。

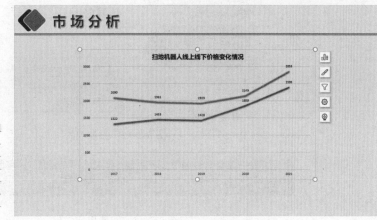

图 3-2-32    第 7 张幻灯片效果

| 年份 | 线上 | 线下 |
|------|------|------|
| 2017 | 1322 | 2090 |
| 2018 | 1453 | 1961 |
| 2019 | 1428 | 1929 |
| 2020 | 1859 | 2149 |
| 2021 | 2395 | 2855 |

图 3-2-31    图表数据

图 3-2-33    形状文字效果

② 单击"插入"选项卡，再单击"智能图形"按钮，在打开的"智能图形"对话框中选择"流程"选项卡中的"闭合 V 形流程"选项，绘制"闭合 V 形流程"，如图 3-2-34 所示。

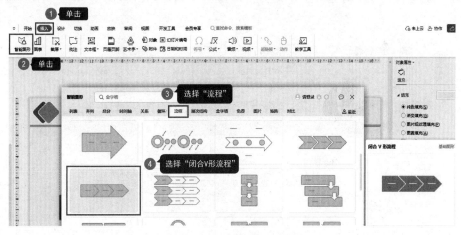

图 3-2-34    智能图形选择

③ 单击"添加项目"按钮，在弹出的快捷菜单中选择"在后面添加项目"选项，如图 3-2-35 所示，添加 2 个 V 形。分别输入对应内容"下一级经销商""市场设点""专卖店""电话销售""电商平台"。

④ 设置每隔 1 个 V 形的颜色为"强烈效果-钢蓝，强调颜色 5"和"强烈效果-浅绿，强调颜色 6"，智能形状效果如图 3-2-36 所示，并设置动画效果为"飞入，自左侧，中速（2 秒）"。

图 3-2-35　添加项目

图 3-2-36　智能形状效果

⑤ 如图 3-2-37 所示，绘制一条竖线，设置样式为虚线，动画效果为"擦除，自顶部"。

⑥ 单击"插入"选项卡中"文本框"右侧的下拉按钮，在弹出的下拉菜单中选择"横向文本框"选项，拖曳鼠标指针绘制文本框，输入文字"下一级经销商"，设置字符格式为"微软雅黑、18、加粗"，动画效果为"擦除，自底部"。

⑦ 下方继续绘制文本框，输入文字"通过做地方性的招商……"，设置字符格式为"微软雅黑、14"，动画效果为"擦除，自底部"。

⑧ 采用同样的操作方式，完成第 8 张幻灯片，效果如图 3-2-37 所示。

图 3-2-37　第 8 张幻灯片效果

图 3-2-38　形状文字效果

（9）编辑第 9 张幻灯片。

① 添加一张"空白"版式幻灯片，复制上一张幻灯片的"发展计划"文本框，粘贴在这张幻灯片上，改为"前景展望"，形状文字效果如图 3-2-38 所示。

② 单击"插入"选项卡中的"图片"按钮，插入 4 张图片"素材\实例素材\图标 1.png、图标 2.png、图标 3.png、图标 4.png"，分别调整至合适大小，放到相应位置上。设置动画效果均为"擦除，自底部"。

③ 单击"插入"选项卡中"文本框"右侧的下拉按钮，在弹出的下拉菜单中选择"横向文本框"选项，拖曳鼠标指针绘制文本框，输入文字"扫地机器人行业市场……"，设置字符格式为"微软雅黑、18"，动画效果为"百叶窗"。采用同样的方式，完成第 9 张幻灯片，效果如图 3-2-39 所示。

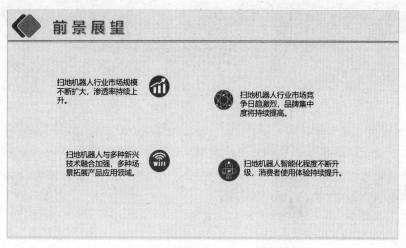

图 3-2-39　第 9 张幻灯片效果

（10）编辑第 10 张幻灯片。

① 添加一张"空白"版式幻灯片，复制上一张幻灯片的"前景展望"文本框，粘贴在这张幻灯片上。

② 单击"插入"选项卡中"文本框"右侧的下拉按钮，在弹出的下拉菜单中选择"横向文本框"选项，拖曳鼠标指针绘制文本框，输入文字"1.智能化 展望未来……"，设置全文字符格式为"方正小标宋简体、18"，行距为"1.5 倍行距"，动画效果为"擦除-自顶部"。

完成第 10 张幻灯片，效果如图 3-2-40 所示。

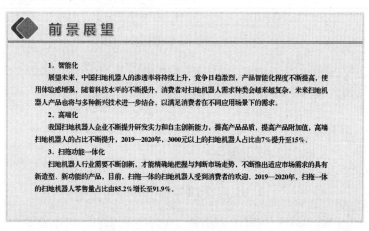

图 3-2-40　第 10 张幻灯片效果

（11）编辑第 11 张幻灯片。

① 添加一张"标题和内容"版式幻灯片，删除现有框架内容，使其成为空白版面效果。

② 单击"插入"选项卡中的"形状"按钮，在弹出的下拉菜单中选择"箭头汇总-五边形"选项，绘制两个五边形，旋转 90°，设置形状效果分别为"强烈效果-钢蓝，强调颜色 5"和"强烈效果-浅绿，强调颜色 6"，形状效果如图 3-2-41 所示，并设置动画效果均为"飞入，自顶部"。

图 3-2-41　形状效果

③ 单击"插入"选项卡中"文本框"右侧的下拉按钮，在弹出的下拉菜单中选择"横向文本框"选项，拖曳鼠标指针绘制文本框，输入文字"谢谢观看！THANKS"，设置字符格式为"微软雅黑、60"，预设样式为"填充-钢蓝，着色 5，轮廓-背景 1，清晰阴影-着色5"，动画效果为"菱形"。

完成第 11 张幻灯片，效果如图 3-2-42 所示。

图 3-2-42　第 11 张幻灯片效果

（12）设置全文动画的切换效果为"溶解"。如图 3-2-43 所示，单击"切换"选项卡，选择"溶解"切换效果，并在此选项卡右侧单击"应用到全部"按钮。

图 3-2-43　设置幻灯片切换效果

## 四、实例效果

实例效果如图 3-2-44 所示。

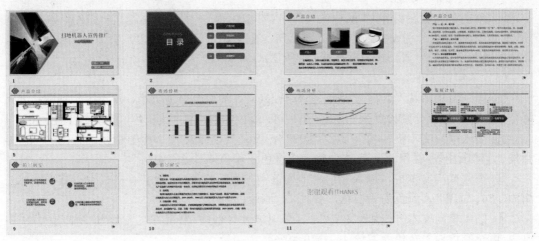

图 3-2-44　实例效果

## 五、实战模拟

跟着小林学习，大家对产品宣传推广报告的制作有没有更多的认识呢？下面我们一起来实战模拟练习。

**练 习**　制作一份"市场营销方案汇报"演示文稿

小林作为公司职员，除了要完成产品推广，还需要辅助市场部拟定一个市场营销方案，请你帮忙制作一份"市场营销方案汇报"演示文稿，制作效果如图 3-2-45 所示。

**实战模拟**
**制作一份"市场营销**
**方案汇报"演示文稿**

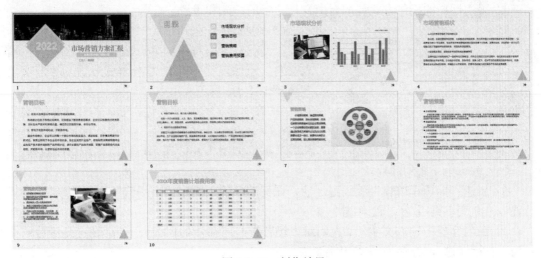

图 3-2-45　制作效果

**制作要求：**

（1）新建演示文稿，命名为"市场营销方案汇报.pptx"。

（2）编辑"幻灯片母版"。

① 单击"设计"选项卡中的"编辑母版"按钮，设置背景为"纹理-纸纹 2"，最后单击"应用全部"按钮。

② 分别在"标题内容""两栏内容""内容与标题""图片与标题"4 张幻灯片中插入"三角形"，将颜色分别设置为"金色，着色 4，浅色 40%"和"浅灰色，背景 2，深色 40%"，分别放置在合适的位置。设置完成后，关闭幻灯片母版。

（3）编辑第 1 张幻灯片。

① 插入背景图片"素材\实战练习\背景.jpeg"，裁剪至合适大小，置于图片顶端；插入两个"菱形"，颜色分别设置为"金色，着色 4，浅色 40%"和"浅灰色，背景 2，深色 40%"。

② 插入横向文本框，输入文字"2022"，设置预设样式为"填充-钢蓝，着色 5，轮廓-背景 1，清晰阴影-着色 5"，字体颜色为"橙色，着色 4，浅色 40%"。

③ 插入横向文本框，输入文字"市场营销方案汇报"，设置字符格式为"方正小标宋简体、54、加粗"，颜色为"白色，背景 1，深色 35%"。

④ 插入横向文本框，输入文字"××公司×××部门 营销方案"，设置字体颜色为"白色"，填充颜色为"金色，着色 4，浅色 40%"。

⑤ 插入横向文本框，输入文字"汇报人：某某某"，设置字体颜色为"白色，背景 1，深色 35%"。

（4）编辑第 2 张幻灯片。

① 新建"空白"版式幻灯片，插入两个三角形，将颜色分别设置为"金色，着色 4，浅色 40%"和"浅灰色，背景 2，深色 40%"，置于合适位置。

② 插入横向文本框，输入文字"目 录"，设置字符格式为"微软雅黑、54、加粗"，字体样式为"填充-白色，轮廓-着色 2，清晰阴影-着色 2"。

③ 插入"圆角矩形"，输入文字"01"，设置填充颜色为"金色，着色 4，浅色 60%"，字体颜色为"白色"。

④ 插入横向文本框，输入文字"市场现状分析"，设置字符格式为"微软雅黑、32"。

⑤ 采用同样的操作方式完成后面几行文字的插入和设置。

| | A | B | C | D |
|---|---|---|---|---|
| | | 系列 1 | 系列 2 | 系列 3 |
| | 业务员一 | 43 | 24 | 20 |
| | 业务员二 | 25 | 44 | 20 |
| | 业务员三 | 35 | 18 | 30 |
| | 业务员四 | 45 | 28 | 50 |

图 3-2-46　图表数据

（5）编辑第 3 张幻灯片。

① 新建"两栏内容"版式幻灯片，在标题栏输入文字"市场现状分析"，字体样式设置为"渐变填充-金色，轮廓-着色 4"。

② 在本张幻灯片的左边栏插入图片"素材\实战练习\图片 1.jpeg"；右边栏插入"簇状柱形图"，编辑图表数据，如图 3-2-46 所示，然后重新选择数据。

（6）编辑第 4 张幻灯片。

① 新建"标题和内容"版式幻灯片，在标题栏输入文字"市场营销现状"，字体样式设置为"渐变填充-金色，轮廓-着色 4"。

② 在内容栏中输入文字"1.人们对市场营销有了初步的认识……"，设置段落特殊格式为"首行缩进"，行距为"1.5 倍行距"。

③ 采用同样的操作方式，完成第 5、6、8 张幻灯片。

（7）编辑第 7、9 张幻灯版。

新建"两栏内容"版式幻灯片，左边栏插入文字，右边栏插入图片。

（8）编辑第 10 张幻灯片。

① 新建"标题和内容"版式幻灯片，在标题栏输入文字"20××年度销售计划费用表"，设置字体样式为"渐变填充-金色，轮廓-着色 4"，字体颜色为"灰色 25%，背景 2，深色 10%"。

② 插入 10 行 10 列的表格，设置表格样式为"中度样式 2，强调 4"，输入表格内容。

（9）为所有幻灯片设置合适的切换效果及动画效果。

## 实例三　制作教学课件

实例三
制作教学课件

### 一、实例背景

小学六年级的老师小昕，要给同学们上一堂古诗鉴赏的课，希望同学们能对唐诗有一定的了解，为此她需要准备一份教学课件。

### 二、实例分析

小昕整理了一下思路，准备从以下几个方面来完成文稿制作。

（1）设置演示文稿页面、字体、字号等。

（2）设置插入图片、声音等。

（3）设置切换效果、动画效果等。

（4）设置幻灯片母版。

### 三、制作过程

**1. 新建演示文稿，设置幻灯片母版**

（1）新建以"白色"为背景的空白演示文稿，如图 3-3-1 所示，并命名为"教学课件.pptx"。

图 3-3-1　新建演示文稿

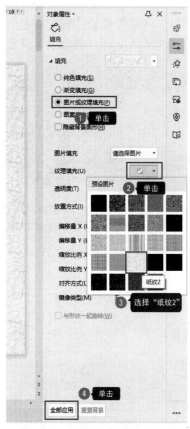

图 3-3-2　设置幻灯片母版背景

（2）编辑幻灯片母版。

单击"设计"选项卡中的"编辑母版"按钮，进入"幻灯片母版"选项卡。单击"背景"按钮，在右侧打开的"对象属性"窗格中单击"图片或纹理填充"单选按钮，在"纹理填充"下拉列表中选择"纸纹 2"选项，单击下方"全部应用"按钮，如图 3-3-2 所示。设置完成后，关闭幻灯片母版。

2. 编辑演示文稿

（1）制作第 1 张幻灯片。

① 添加一张"空白"版式幻灯片，单击"插入"选项卡中的"图片"按钮，插入图片"素材\实例素材\背景 1.jpeg"。利用图片右侧快捷工具中的"裁剪"功能，将图片裁剪成如图 3-3-3 所示的效果，置于合适位置，并设置动画效果为"飞入，自左侧"。

② 单击"插入"选项卡中的"形状"按钮，在弹出的下拉菜单中选择"基本形状-椭圆"选项，按住 Shift 键拖曳鼠标指针绘制一个正圆形，设置填充颜色为"银灰色，背景 1，深色 25%"，如图 3-3-4 所示；在中间输入文字"唐"，设置字符格式为"方正小标宋简体、88"，颜色为"白色，背景 1，深色 25%"，动画效果为"擦除"。

图 3-3-3　图片裁剪后的效果

③ 单击"插入"选项卡中"文本框"右侧的下拉按钮，在弹出的下拉菜单中选择"横向文本框"选项，拖曳鼠标指针绘制文本框，输入文字"诗"。单击"文本工具"选项卡，在"预设样式"下拉菜单中选择"填充-灰色-25%，背景 2，内部阴影"选项，如图 3-3-5 所示，并设置动画效果为"擦除"。

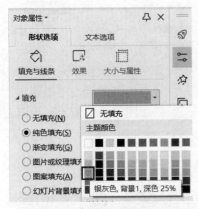

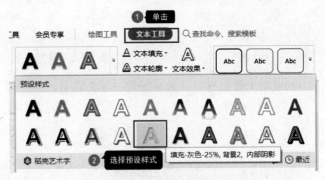

图 3-3-4　设置形状填充颜色　　　　　　　　　图 3-3-5　设置文本样式

④ 采用相同的方式操作，输入文字"欣赏"，字体颜色设置为"白色，背景 1，深色 35%"，设置预设样式为"填充-钢蓝，着色 5，轮廓-背景 1，清晰阴影-着色 5"，文字效果如图 3-3-6 所示，并设置动画效果为"擦除"。

图 3-3-6　文字效果

⑤ 单击"插入"选项卡中的"音频"按钮，在弹出的下拉菜单中选择"嵌入音频"选项，如图 3-3-7 所示，在打开的"插入音频"对话框中选择"素材\实例素材\古筝音乐-青花瓷.mp3"，单击"打开"按钮。将"小喇叭"图标放置于本张幻灯片的左下角，并单击"设置为背景音乐"按钮，勾选"循环播放，直至停止""放映时隐藏"复选框，如图 3-3-8 所示。

图 3-3-7　设置嵌入音频

图 3-3-8　设置音频

完成第 1 张幻灯片，效果如图 3-3-9 所示。

图 3-3-9　第 1 张幻灯片效果

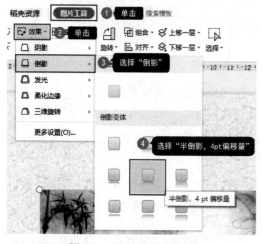

图 3-3-10　设置图片效果

（2）编辑第 2 张幻灯片。

① 添加一张"两栏内容"版式幻灯片，单击标题栏，输入文字"望月怀远（张九龄）"，将"（张九龄）"字号设置为"24"；动画效果设置为"百叶窗"。

② 单击左边栏，输入古诗内容"海上生明月，天涯共此时……"，设置字符格式为"方正小标宋简体、28"，行距为"1.5 倍行距"，动画效果为"百叶窗"。

③ 单击右边栏，插入图片"素材\实例素材\图片 1.jpeg"，图片效果设置为"半倒影，4pt 偏移量"，如图 3-3-10 所示，并将动画效果设置为"盒状"。

完成第 2 张幻灯片，效果如图 3-3-11 所示。

图 3-3-11　第 2 张幻灯片效果

（3）编辑第 3 张幻灯片。

① 添加一张"两栏内容"版式幻灯片，设置与上一张幻灯片类似。

② 单击左边栏，插入图片"素材\实例素材\图片 2.jpeg"，设置图片效果为"右上斜偏移"，如图 3-3-12 所示，并设置动画效果为"盒状"。

完成第 3 张幻灯片，效果如图 3-3-13 所示。

（4）编辑第 5、8、9 张幻灯片，设置与第 3 张幻灯片类似，效果如图 3-3-14、图 3-3-15 和图 3-3-16 所示。

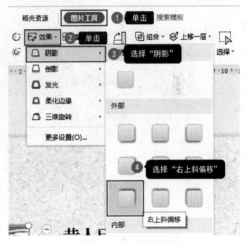

图 3-3-12　设置图片效果

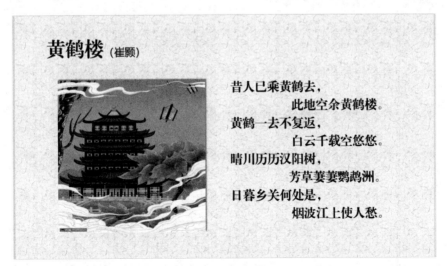

图 3-3-13　第 3 张幻灯片效果

**陪侍郎叔游洞庭醉后** (李白)

划　却　君　山　好　，
平　铺　湘　水　流　。
巴　陵　无　限　酒　，
醉　杀　洞　庭　秋　。

图 3-3-14　第 5 张幻灯片效果

**寄令狐郎中** (李商隐)

嵩云秦树久离居，
双鲤迢迢一纸书。
休问梁园旧宾客，
茂陵秋雨病相如。

图 3-3-15　第 8 张幻灯片效果

**登乐游原** (李商隐)

向　晚　意　不　适　，
驱　车　登　古　原　。
夕　阳　无　限　好　，
只　是　近　黄　昏　。

图 3-3-16　第 9 张幻灯片效果

① 其中第 8 张幻灯片，单击图片右侧快捷工具中的"裁剪"按钮，选择"椭圆"选项，如图 3-3-17 所示，按 Enter 键即可完成。单击"图片工具"选项卡，然后单击"效果"按钮，在弹出的下拉菜单中选择"发光"→"灰色-50%，18pt 发光，着色 3"选项，如图 3-3-18 所示，并设置动画效果为"伸展"。

图 3-3-17　设置裁剪形状

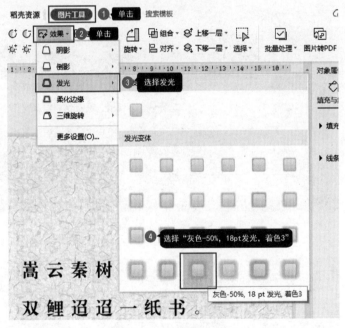

图 3-3-18　设置图片效果

（5）编辑第 4 张幻灯片。

① 在第 3 张幻灯片后面，添加一张"两栏内容"版式幻灯片，删除右侧文本框。

② 单击"设计"选项卡中的"背景"按钮，在右侧打开的"对象属性"窗格中选中"图片或纹理填充"单选按钮，在"图片填充"下拉列表中选择"本地文件"选项，在打开的对话框中选择"素材\实例素材\图片 3.jpeg"文件。

③ 标题设置参考前几张幻灯片。

④ 左边栏输入古诗"曾经沧海难为水……"，设置字符格式为"方正小标宋简体、28"，字体颜色为"白色"，行距为"1.5 倍行距"，对齐方式为"分散对齐"，动画效果为"百叶窗"。

完成第 4 张幻灯片，效果如图 3-3-19 所示。

图 3-3-19　第 4 张幻灯片效果

（6）编辑第 6、7、10 张幻灯片，与第 4 张幻灯版的设置类似，效果如图 3-3-20、图 3-2-21 和图 3-2-22 所示。

图 3-3-20　第 6 张幻灯片效果

图 3-3-21　第 7 张幻灯片效果

（7）设置切换效果。单击"切换"选项卡，设置全部幻灯片切换效果为"平滑"，如图 3-2-23 所示。

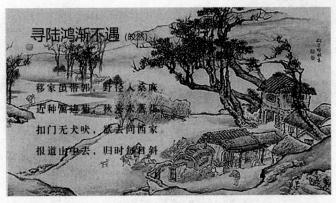

图 3-3-22　第 10 张幻灯片效果

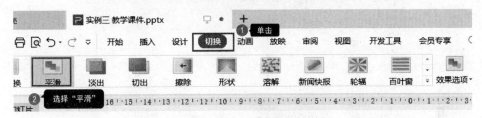

图 3-3-23　设置切换效果

## 四、实例效果

实例效果如图 3-3-24 所示。

图 3-3-24　实例效果

## 五、实战模拟

跟着小昕学习，大家对演示文稿的制作有没有更多的认识呢？下面我们一起来实战模拟练习。

**练习**　制作一份"网线知识"演示文稿

小林老师是网络专业的任课老师，下周他要上关于"网线制作"的课程，大家可以帮小林老师制作一份关于"网线知识"的演示文稿吗？请你

**实战模拟**
**制作一份"网线**
**知识"演示文稿**

制作一份"网线知识"的演示文稿，制作效果如图 3-2-25 所示。

图 3-3-25　制作效果

**制作要求：**

（1）新建演示文稿，命名为"网线知识.pptx"。

（2）编辑"幻灯片母版"。

① 进入"设计"选项卡，单击"编辑母版"按钮，设置背景填充为"纹理-纸纹 2"，应用全部于幻灯片。

② 在下面"标题内容"、"比较版式"、"两栏内容"和"仅标题"几张幻灯片中插入"圆角矩形"，颜色设置为"浅绿，着色 6，深色 25%"，线条宽度设置为"7.5 磅"；复制 2 个相同大小的圆角矩形，颜色分别改为"白色，背景 1"和"浅绿，着色 6，浅色 60%"，分别放在合适的位置，并设置动画效果为"伸展"。

③ 插入一条直线，颜色设置为"浅绿，着色 6，深色 25%"，动画效果设置为"擦除，自左侧"。

④ 在直线旁边插入一个"铅笔"样式的符号，设置字号为"44"，动画效果为"擦除"。设置完成后，关闭幻灯片母版。

（3）编辑第 1 张幻灯片。

① 插入"圆角矩形"，颜色分别设置为"浅绿，着色 6，深色 25%"，线条宽度均为"13 磅"；复制两个相同大小的圆角矩形，颜色分别设置为"白色，背景 1"和"浅绿，着色 6，浅色 60%"，分别放在合适的位置，并设置动画效果为"伸展"。

② 复制三个圆角矩形，粘贴在本张幻灯片的右上方，调整好圆角矩形位置。

③ 绘制一个"基本形状-圆形"，填充颜色为"灰菊黄，着色 6，浅色 80%"，形状效果为"灰色-50%，18pt 发光，着色 3"，输入文字"网"，颜色设置为"浅绿，着色 6，深色 25%"。

④ 复制并粘贴出三个相同的圆形，分别输入文字"线""知""识"，将字体颜色分别设置为"浅绿，着色 6，浅色 40%"、"浅绿，着色 6，浅色 60%"和"浅绿，着色 6，浅色

80%"，并设置动画效果为"飞入"。

⑤ 在文字周边绘制几个不同大小的圆形，颜色分别设置为"浅绿，着色 6，浅色 40%"、"浅绿，着色 6，浅色 60%"和"浅绿，着色 6，浅色 80%"，放置于合适位置，并将动画效果均设置为"擦除"。

（4）编辑第 2 张幻灯片。

① 新建"两栏内容"版式幻灯片，在标题栏输入文字"网线的种类"，设置字体为"方正小标宋简体"，颜色为"浅绿，着色 6，深色 25%"，动画效果为"飞入，自左侧"。

② 在本幻灯片左右两侧分别插入"素材\图片 1.png 和图片 2.png"，动画效果均设置为"盒状"；分别在两幅图上方插入文本框，分别输入文字"屏蔽双绞线（STP）""非屏蔽双绞线（UTP）"，设置字体颜色为"白色，背景 1"，文本框填充颜色为"浅绿，着色 6，浅色 40%"，动画效果为"擦除"。

（5）编辑第 3 张幻灯片。

① 新建"标题和内容"版式幻灯片，输入标题文字"主要特征"，设置字体为"方正小标宋简体"，颜色为"浅绿，着色 6，深色 25%"，动画效果为"飞入，自左侧"。

② 下面内容栏输入"传输距离一般不超过 100 m……"，设置字符格式为"微软雅黑、28"，字体颜色为"浅绿，着色 6，深色 25%"，行间距为"1.5 倍行距"；选中文字"传输距离一般不超过 100 m"，将字体颜色设置为"红色"，动画效果设置为"百叶窗"。

③ 采用类似的方式分别完成第 6、7、8 张幻灯片制作。

（6）编辑第 4 张幻灯片。

新建"标题和内容"版式幻灯片，输入标题"RJ-45 接线标准"，设置与前面幻灯片相同。内容插入图片"素材\图片 3.png"，调整放置于合适位置，设置动画效果为"盒状，外"。

（7）编辑第 5 张幻灯片。

新建"标题和内容"版式幻灯片，输入标题文字"网线制作视频"，设置与前面幻灯片相同。内容插入图片"素材\网线制作.mp4"，调整大小并置于合适位置，动画效果设置为"百叶窗"。

（8）编辑第 9 张幻灯片。

① 新建一张"空白"版式幻灯片，复制第 1 张幻灯片上的两组对称圆角矩形，粘贴在此张幻灯片相同的位置。

② 插入横向文本框，输入文字"谢谢观看 THANKS"，设置字符格式为"方正小标宋简体、60"，字体颜色为"浅绿，着色 6，深色 25%"，文本效果为"阴影-外部-局中偏移"，动画效果为"菱形"。

（10）为所有幻灯片设置合适的切换效果及动画效果。

## 实例四　制作"职业生涯规划"演示文稿

实例四
制作"职业生涯
规划"演示文稿

### 一、实例背景

小冬是一名大学四年级计算机专业的学生，准备出去就业实习，他需要做制作一份职业生涯规划演示文稿。

## 二、实例分析

小冬整理了一下思路，准备从以下几个方面来完成文稿制作。

（1）设置演示文稿页面、字体、字号等。

（2）插入图片、形状、文本框等。

（3）设置切换效果、动画效果等。

（4）设置幻灯片母版。

## 三、制作过程

### 1. 新建演示文稿，设置幻灯片母版

（1）新建以"白色"为背景的空白演示文稿，如图 3-4-1 所示，并命名为"职业生涯规划.pptx"。

图 3-4-1　新建演示文稿

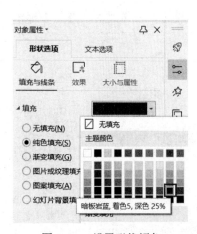

图 3-4-2　设置形状颜色

（2）编辑幻灯片母版。

① 单击"设计"选项卡中的"编辑母版"按钮，进入"幻灯片母版"选项卡，再单击"背景"按钮，在右侧打开的"对象属性"窗格中选择"纯色填充"单选按钮，设置背景填充颜色为"白烟，背景 1，深色 5%"，单击下方"全部应用"按钮。

② 在"标题和内容"母版幻灯片中，单击"插入"选项卡中的"形状"按钮，在弹出的下拉菜单中选择"矩形"选项，绘制一个长方形，设置颜色为"暗板岩蓝，着色 5，深色 25%"，如图 3-4-2 所示。单击"编辑形状"按钮，在弹出的下拉菜单中选择"编辑顶点"选项，如图 3-4-3 所示，然后使用鼠标移动右下角黑点往内拖曳至如图 3-4-4

所示的形状即可。动画效果设置为"擦除，自左侧"。

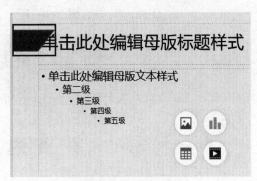

图 3-4-3　编辑形状　　　　　　　　　　图 3-4-4　形状效果图

③ 对下面几张幻灯片母版做相同的设置，如图 3-4-5 和图 3-4-6 所示。

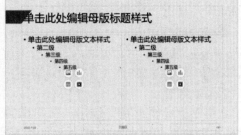

图 3-4-5　编辑幻灯片母版 1

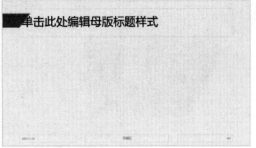

图 3-4-6　编辑幻灯片母版 2

## 2. 编辑演示文稿

（1）制作第 1 张"空白"幻灯片。

① 将第 1 张幻灯片版式设置为"空白"，单击"插入"选项卡中的"图片"按钮，插入图片"素材\实例素材\图片 1.jpeg"，放置于合适位置，设置动画效果为"棋盘"。

② 单击"插入"选项卡中"文本框"右侧的下拉按钮，在弹出的下拉菜单中选择"横向文本框"选项，拖曳鼠标指针绘制文本框，输入标题文字"职业生涯规划"，设置字符格式为"微软雅黑、60、加粗"，字体颜色为"钢蓝，着色 5，深色 25%"，动画效果为"擦除，上一动画之后"。

③ 采用相同的操作方式，绘制 2 个文本框，分别输入文字"汇报人：×××"和"毕

业院校：××××大学"，并设置动画效果为"擦除，上一动画之后"。

完成第 1 张幻灯片，效果如图 3-4-7 所示。

图 3-4-7　第 1 张幻灯片效果

（2）编辑第 2 张幻灯片。

① 添加一张"空白"版式幻灯片，单击"插入"选项卡中的"形状"按钮，在弹出的下拉菜单中选择"矩形-矩形"选项，绘制一个长方形，设置颜色为"暗板岩蓝，着色 5，深色 25%"。

② 单击"编辑形状"按钮，在弹出的下拉菜单中选择"编辑顶点"选项，然后使用鼠标移动左下角黑点往内拖曳至如图 3-4-8 所示的形状即可；输入文字"目录"，设置字体大小、颜色为"60 号、白色"。

③ 动画效果设置为"飞入，自右侧"。

④ 单击"插入"选项卡中的"形状"按钮，在弹出的下拉菜单中选择"基本形状-平行四边形"选项，在幻灯片左侧区域绘制一个平行四边形，填充颜色为"暗板岩蓝，着色 5，深色 25%"。

⑤ 单击"绘图工具"选项卡，再单击"旋转"按钮，在弹出的下拉菜单中选择"水平翻转"选项，如图 3-4-9 所示，输入文字"01"，并设置动画效果为"擦除"。

⑥ 复制平行四边形，粘贴 3 次，置于合适位置，更改相应的数字，数字排列效果如图 3-4-10 所示。

图 3-4-8　目录效果

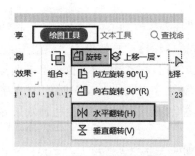

图 3-4-9　设置形状位置

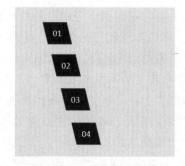

图 3-4-10　数字排列效果

⑦ 单击"插入"选项卡中"文本框"右侧的下拉按钮，在弹出的下拉菜单中选择"横向文本框"选项，拖曳鼠标指针绘制文本框，输入文字"分析自身因素"，设置字符格式为"微软雅黑、28"，字体颜色为"暗板岩蓝，着色5，深色25%"，动画效果为"擦除，自左侧"。

⑧ 采用同样的操作方式完成本张幻灯片其余文本的设置。

完成第2张幻灯片，效果如图 3-4-11 所示。

图 3-4-11　第 2 张幻灯片效果

（3）编辑第 3 张幻灯片。

① 添加一个"空白"版式幻灯片，单击"插入"选项卡中的"形状"按钮，在弹出的下拉菜单中选择"矩形-矩形"选项，绘制一个长方形，设置颜色为"暗板岩蓝，着色5，深色25%"。

② 单击"编辑形状"按钮，在弹出的下拉菜单中选择"编辑顶点"选项，然后使用鼠标移动右下角黑点往内拖曳至如图 3-4-12 所示的形状即可；输入文字"01"，设置字体大小、颜色为"96、白色"，动画效果为"飞入，自左侧"。

③ 单击"插入"选项卡中"文本框"右侧的下拉按钮，在弹出的下拉菜单中选择"横向文本框"选项，拖曳鼠标指针绘制文本框，输入文字"分析自身因素"。设置字符格式为"微软雅黑、48 号"，字体颜色为"暗板岩蓝，着色5，深色25%"，动画效果为"菱形"。

完成第 3 张幻灯片，效果如图 3-4-12 所示。

④ 采用同样的操作方式完成第 6、9、12 张幻灯片，其中第 6 张和第 12 张幻灯片需要"水平翻转"。

完成第 6、9、12 张幻灯片，效果如图 3-4-13、图 3-4-14 和图 3-4-15 所示。

图 3-4-12　第 3 张幻灯片效果

图 3-4-13　第 6 张幻灯片效果

图 3-4-14　第 9 张幻灯片效果

图 3-4-15　第 12 张幻灯片效果

（4）编辑第 4 张幻灯片。

① 在第 3 张幻灯片后面添加一张"两栏内容"版式幻灯片，标题栏输入文字"个人基本情况"，设置字体颜色为"暗板岩蓝，着色 5，深色 25%"。

② 删除左侧内容栏，单击"插入"选项卡中的"形状"按钮，在弹出的下拉菜单中选择"矩形-矩形"选项，绘制一个长方形，无填充色，然后单击"轮廓"按钮，在弹出的下拉菜单中选择"虚线线型"→"短划线"选项，设置宽度为"3 磅"，如图 3-4-16 所示。在此矩形中间添加文字"个人照片"，并设置动画效果为"盒状，外"。

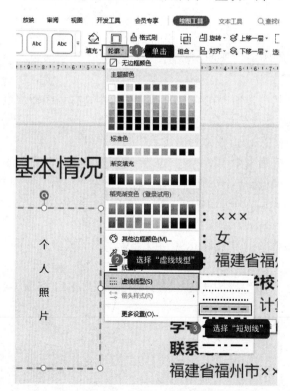

图 3-4-16　设置形状轮廓

③ 单击右侧内容栏，输入文字"姓名：×××……"，设置字符格式为"微软雅黑、28"，字体颜色为"暗板岩蓝，着色 5，深色 25%"，并将部分文字加粗，设置动画效果为"百叶窗，在上一动画之后"。

完成第 4 张幻灯片，效果如图 3-4-17 所示。

个人基本情况
个
人
照
片
姓名：×××
性别：女
籍贯：福建省福州市
所在学校及学校：××××大学
班级和专业：计算机科学技术
学号：202200270118
联系地址：
福建省福州市××区××××小区

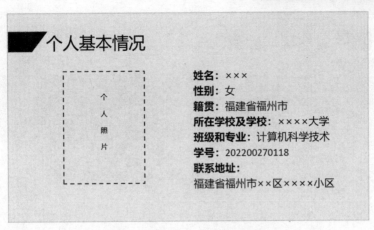

图 3-4-17　第 4 张幻灯片效果

④ 采用类似的操作方式完成第 5、7、8 张幻灯片，完成效果如图 3-4-18、图 3-4-19 和图 3-4-20 所示。

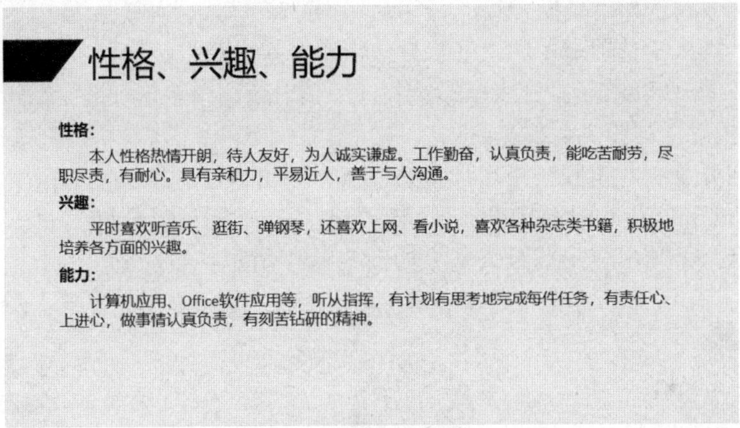

性格、兴趣、能力
性格：
本人性格热情开朗，待人友好，为人诚实谦虚。工作勤奋，认真负责，能吃苦耐劳，尽职尽责，有耐心。具有亲和力，平易近人，善于与人沟通。
兴趣：
平时喜欢听音乐、逛街、弹钢琴，还喜欢上网、看小说，喜欢各种杂志类书籍，积极地培养各方面的兴趣。
能力：
计算机应用、Office软件应用等，听从指挥，有计划有思考地完成每件任务，有责任心、上进心，做事情认真负责，有刻苦钻研的精神。

图 3-4-18　第 5 张幻灯片效果

家庭环境因素
任何人性格和品质的形成及个人的成长都离不开家庭环境的影响，大学生在进行职业生涯规划时，考虑更多的是家庭的经济状况、家人期望、家族文化等因素对个人的影响。
个人职业发展规划的确立，总是同自身的成长经历和家庭环境息息相关。

图 3-4-19　第 7 张幻灯片效果

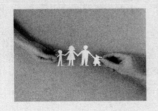

图 3-4-20　第 8 张幻灯片效果

（5）编辑第 10 张幻灯片。

①　在第 9 张幻灯片后面，添加一张"仅标题"版式幻灯片，输入标题文字"SWOT 分析"，设置字体颜色为"暗板岩蓝，着色 5，深色 25%"，动画效果为"飞入，自左侧"。

②　单击"插入"选项卡中的"形状"按钮，在弹出的下拉菜单中选择"矩形-对角圆角矩形"选项，按住 Shift 键，拖曳鼠标绘制一个正对角圆角矩形，拖曳左侧的黄点往右移动，修改圆角矩形至与图 3-4-21 一致。

③　根据需要复制对角圆角矩形，粘贴三次，单击"绘图工具"选项卡中的"旋转"按钮，在弹出的下拉菜单中选择"水平翻转"选项，把图形组合好，并在其中输入对应文字，设置字号为"66"，形状最终效果如图 3-4-22 所示。

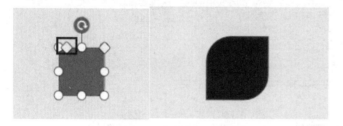

图 3-4-21　设置形状绘制

图 3-4-22　形状最终效果

④　从左上角对角圆角矩形开始，按逆时钟顺序形分别设置填充色为"钢蓝，着色 5，深色 25%""钢蓝，着色 5，浅色 40%""钢蓝，着色 5，浅色 60%""钢蓝，着色 5，浅色 80%"，并设置动画效果为"菱形，在上一动画之后"。

⑤　在组合图形周围插入文本框，输入相应文字，如图 3-4-22 所示，设置动画效果为"擦除，自左侧"。

完成第 10 张幻灯片，效果如图 3-4-23 所示。

（6）编辑第 11 张幻灯片。

①　添加一张"仅标题"版式幻灯片，输入标题文字"职业目标"，设置颜色为"暗板岩蓝，着色 5，深色 25%"，动画效果为"擦除，自左侧"。

②　在标题下方插入流程图。单击"插入"选项卡中的"智能图形"按钮，在打开的"智能图形"对话框中选择"流程"选项卡中的"步骤上移流程"选项，如图 3-4-24 所示。

图 3-4-23　第 10 张幻灯片效果

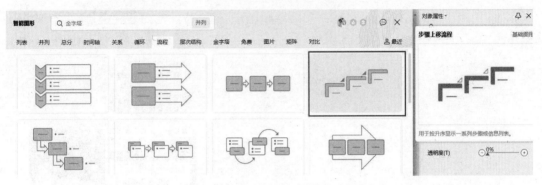

图 3-4-24　插入流程图

③ 单击"设计"选项卡，单击"更改颜色"按钮，在弹出的下拉菜单中选择"彩色4"，如图 3-4-25 所示。

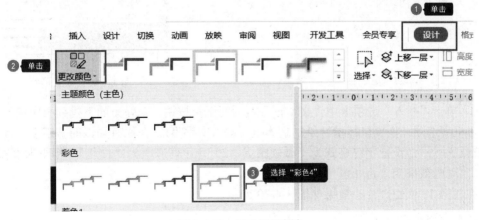

图 3-4-25　更改图形颜色

④ 在后面添加一格。单击"添加项目"选项，在弹出的下拉菜单中选择"在后面添加项目"选项，如图 3-4-26 所示，输入对应文字，并设置动画效果为"擦除"。

完成第 11 张幻灯片，效果如图 3-4-27 所示。

图3-4-26 添加项目设置

（7）编辑第13张幻灯片。

① 在第 12 张幻灯片后面添加一张"标题和内容"版式幻灯片，输入标题文字"执行计划"，设置颜色为"暗板岩蓝，着色 5，深色 25%"，动画效果为"擦除，自左侧"。

② 单击内容文本框，插入图片"素材\实例素材\图片4.jpeg"，调整好图片大小并置于合适位置，设置动画效果为"伸展"。

③ 在图片下半部分，单击"插入"选项卡中的"形状"按钮，在弹出的下拉菜单中选择"线条-直线"选项，按住 Shift 键绘制一根直线，单击"绘图工具"选项卡中的"轮廓"按钮，在弹出的下拉菜单中选择"线型"→"6磅"选项，颜色设置为"暗板岩蓝，着色 5，深色 25%"，如图 3-4-28 所示，并将动画效果设置为"擦除，自左侧"。

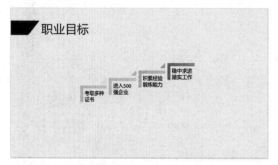

图3-4-27 第11张幻灯片效果

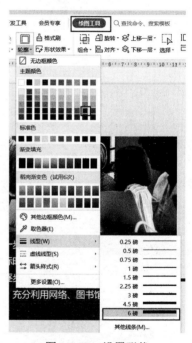

图3-4-28 设置形状

④ 单击"插入"选项卡中"文本框"右侧的下拉按钮，在弹出的下拉列表中选择"横向文本框"选项，拖曳鼠标指针绘制文本框，输入文字"1. 在原有知识的基础上，进一步扩展自己……"，设置字符格式为"微软雅黑、20"，字体颜色为"白色"，行距为"1.5 倍行距"，动画效果为"百叶窗"。

完成第13张幻灯片，效果如图 3-4-29 所示。

（8）编辑第14张幻灯片。

① 添加一张"仅标题"版式幻灯片，输入标题文字"三年计划"，设置颜色为"暗板岩蓝，着色 5，深色 25%"，动画效果为"擦除，自左侧"。

② 单击"插入"选项卡，然后单击"形状"按钮，在弹出的下拉菜单中选择"基本类型-泪滴形"选项，如图 3-4-30 所示。绘制一个泪滴形，设置填充色为"无"，线条颜色为

"暗板岩蓝，着色5，深色25%"，宽度为"5磅"；输入文字"2020"，设置字号为"18"，字体颜色为"暗板岩蓝，着色5，深色25%"，形状效果如图3-4-31所示，并设置动画效果为"擦除，自顶部"。

图 3-4-29　第13张幻灯片效果

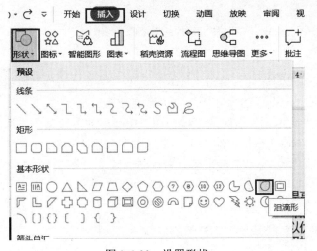

图 3-4-30　设置形状

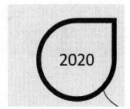

图 3-4-31　形状效果

③ 复制泪滴形，粘贴两次，并置于合适的位置，更改其中文字，将线条颜色分别设置为"矢车菊蓝，着色5，浅色40%""钢蓝，着色5，浅色60%"。

④ 单击"插入"选项卡，然后单击"形状"按钮，在弹出的下拉菜单中选择"线条-曲线连接符"选项，如图3-4-31所示，在两个泪滴形状间绘制一个曲线连接符，如图3-4-32所示，并设置线条颜色为"暗板岩蓝，着色5，深色25%"，动画效果为"擦除，自顶部"。

⑤ 采用同样的操作方式绘制第二条曲线连接符，需要单击"绘图工具"选项卡中的"旋转"按钮，在弹出的下拉菜单中选择"水平翻转"选项，并设置动画效果为"擦除，自顶部"。

⑥ 插入横向文本框，输入相应文字，设置动画效果为"百叶窗，水平"。

完成第14张幻灯片，效果如图3-4-33所示。

图 3-4-32　设置形状

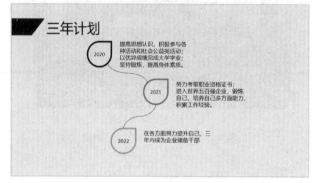

图 3-4-33　第 14 张幻灯片效果

（9）编辑最后一张幻灯片。

① 添加最后一张"空白"版式幻灯片，单击"插入"选项卡中的"图片"按钮，插入图片"素材\实例素材\图片 1.jpeg"，设置动画效果为"扇形展开"。

② 单击"插入"选项卡中"文本框"右侧的下拉按钮，在弹出的下拉菜单中选择"横向文本框"选项，拖曳鼠标指针绘制文本框，输入文字"感谢大家的聆听"，设置字符格式为"微软雅黑、60、加粗"，字体颜色为"暗板岩蓝，着色 5，深色 25%"。右击文本框，在弹出的快捷菜单中选择"置于顶层"选项，并设置动画效果为"伸展"。

完成第 15 张幻灯片，效果如图 3-4-34 所示。

图 3-4-34　第 15 张幻灯片效果

## 四、实例效果

实例效果如图 3-4-35 所示。

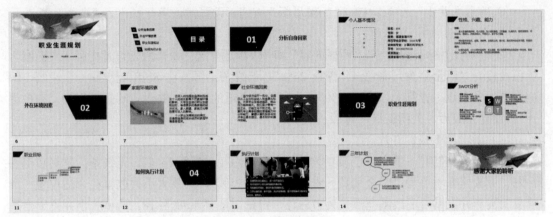

图 3-4-35　实例效果

## 五、实战模拟

跟着小冬学习，大家对职业生涯规划的制作有没有更多的认识呢？下面我们一起来实战模拟练习。

**练习**　制作"个人简历"演示文稿

实战模拟
制作"个人简历"演示文稿

在这繁华的大都市中，要想找一份稳定的工作不容易，刚毕业的大学生都想找到心仪的工作，开始自己人生的第一步，为此制作一份个人简历投递给各大用人单位是一件非常重要的事情。现在请你制作一份"个人简历"演示文稿，制作效果如图 3-4-36 所示。

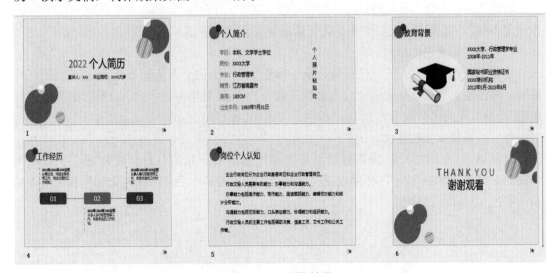

图 3-4-36　制作效果

**制作要求:**

(1) 新建演示文稿,命名为"个人简历.pptx"。

(2) 编辑幻灯片母版。

① 单击"设计"选项卡中的"编辑母版"按钮,设置背景填充颜色为"白烟,背景 1,深色 5%",全部应用于幻灯片。

② 分别在"标题和内容""两栏内容"和"仅标题"这三张母版幻灯片中插入"椭圆",颜色设置为"暗金菊黄,着色 4,深色 25%",无线条;再按住 Shift 键绘制一个正圆,颜色设置为"钢蓝,着色 1,深色 25%",分别放在合适的位置,并设置动画效果为"扇形展开"。设置完成后,关闭幻灯片母版。

(3) 编辑第 1 张幻灯片。

① 插入"椭圆",填充颜色设置为"钢蓝,着色 1,深色 25%",无线条;复制圆形并粘贴,更改填充颜色为"暗金菊黄,着色 4,深色 25%",调整大小并放置在合适位置;继续复制圆形并粘贴,更改填充颜色为"白色,背景 2",透明度为 18,调整大小并置于合适位置;再复制圆形并粘贴,更改填充纹理为"旧棉布",调整大小并置于合适位置;分别设置动画效果为"扇形展开"。

② 复制左下方几个圆形,粘贴到本张幻灯片的右上方,并调整至合适位置。

③ 按要求输入标题和副标题文字,并设置动画效果。

(4) 编辑第 2 张幻灯片。

① 新建"两栏内容"版式幻灯片,在标题栏输入文字"个人简介",设置动画效果为"擦除"。

② 在左右两栏分别输入相应文字,动画效果设置为"擦除"和"扇形展开"。

(5) 编辑第 3 张幻灯片。

新建"两栏内容"版式幻灯片,输入标题文字"教育背景",设置动画效果为"擦除"。下面分别插入图片和文字,分别设置动画效果为"盒状"和"擦除"。

(6) 编辑第 4 张幻灯片。

新建"两栏内容"版式幻灯片,输入标题文字"工作经历",插入"圆角矩形"、"直线"和"文本框",完成第 4 张幻灯片,设置动画效果为"百叶窗,水平"。

(7) 编辑第 5 张幻灯片。

新建"标题和内容"版式幻灯片,输入标题文字"岗位个人认知",设置与前面幻灯片相同。内容输入"企业行政岗位分为企业行政……",设置字号为"25",行距为"1.5 倍行距",动画效果为"盒状"。

(8) 编辑第 6 张幻灯片。

复制第 1 张幻灯片,将其移动到最下面作为最后一张幻灯片,将标题文字替换为"THANK YOU 谢谢观看",分别设置文字颜色为"钢蓝,着色 1,深色 25%"和"暗金菊黄,着色 4,深色 25%"。

实例五
制作"旅游宣
传"演示文稿

# 实例五　制作"旅游宣传"演示文稿

## 一、实例背景

小谢作为一名福州旅游公司的业务推广员，希望全国各地的游客能够
来到福州这座美丽的城市游玩一番，为此他要制作一份介绍福州的演示文稿。

## 二、实例分析

小谢整理了一下思路，准备从以下几个方面来完成文稿制作。

（1）设置演示文稿页面、字体、字号等。

（2）插入图片。

（3）设置切换效果、动画效果等。

## 三、制作过程

### 1. 新建演示文稿

新建以"白色"为背景的空白演示文稿，如图 3-5-1 所示，并命名为"旅游篇.pptx"。

图 3-5-1　新建演示文稿

### 2. 编辑演示文稿

（1）制作第 1 张"标题"幻灯片。

① 新建第 1 张"标题"版式幻灯片，删除副标题，单击"插入"选项卡中的"图片"
按钮，插入图片"素材\实例素材\图片 1.jpeg"，进行适当裁剪后置于合适位置，设置动画

效果为"扇形展开"。

② 输入标题文字"有福之州 美丽福州",将第 1 个"福"字的字符格式设置为"楷体、79",颜色设置为"红色",并设置动画效果为"擦除,上一动画之后"。

③ 单击"插入"选项卡中的"音频"按钮,在弹出的下拉菜单中选择"嵌入音频"选项,在打开的"插入音频"对话框中插入背景音乐"素材\实例素材\古筝音乐-青花瓷.mp3",单击"音频工具"选项卡,勾选"循环播放,直至停止"和"放映时隐藏"复选框。

完成第 1 张幻灯片,效果如图 3-5-2 所示。

图 3-5-2　第 1 张幻灯片效果

(2) 编辑第 2 张幻灯片。

添加一张"空白"版式幻灯片,单击"插入"选项卡中的"图片"按钮,插入图片"素材\实例素材\图片 2.jpeg~图片 6.jpeg",调整好图片大小后置于合适位置,并设置动画效果为"百叶窗,在上一动画之后"。

完成第 2 张幻灯片,效果如图 3-5-3 所示。

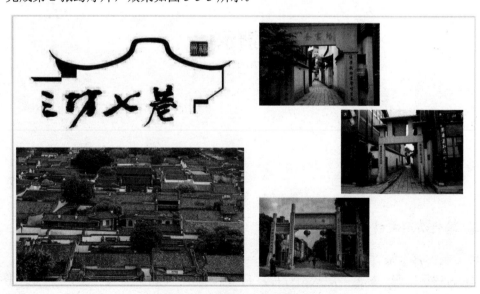

图 3-5-3　第 2 张幻灯片效果

（3）编辑第 3 张幻灯片。

① 添加一张"标题和内容"版式幻灯片，在标题栏输入文字"三坊七巷介绍"，设置字体为"方正小标宋简体"，动画效果为"擦除，自左侧"；在内容栏中输入文字"三坊七巷坐落于福建省……"，设置字体为"方正小标宋简体"，行距为"1.5 倍行距"，动画效果为"百叶窗，在上一动画之后"。

② 单击"插入"选项卡中的"图片"按钮，插入图片"素材\实例素材\图片 7.jpeg"，置于本张幻灯片右上角，并设置动画效果为"盒状，在上一动画之后"。

完成第 3 张幻灯片，效果如图 3-5-4 所示。

图 3-5-4　第 3 张幻灯片效果

（4）编辑第 4 张幻灯片。

① 添加一张"空白"版式幻灯片，单击"插入"选项卡中的"艺术字"按钮，在弹出的下拉菜单中选择"渐变填充-钢蓝"选项，如图 3-5-5 所示，输入文字"福州西湖公园"，设置动画效果为"擦除，自左侧"。

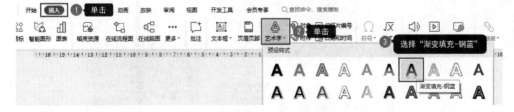

图 3-5-5　设置艺术字

② 单击"插入"选项卡中的"图片"按钮，插入图片"素材\实例素材\图片 8.jpeg～图片 11.jpeg"，调整好图片大小后置于合适的位置，并设置动画效果为"百叶窗，在上一动画之后"。

完成第 4 张幻灯片，效果如图 3-5-6 所示。

图 3-5-6  第 4 张幻灯片效果

③ 采用类似的操作方式完成第 5、6、8、10 张幻灯片的制作，完成效果如图 3-5-7、图 3-5-8、图 3-5-9 和图 3-5-10 所示。

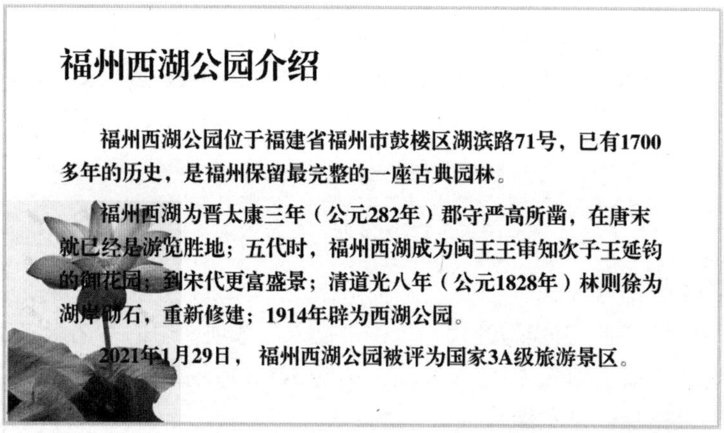

### 福州西湖公园介绍

　　福州西湖公园位于福建省福州市鼓楼区湖滨路71号，已有1700多年的历史，是福州保留最完整的一座古典园林。

　　福州西湖为晋太康三年（公元282年）郡守严高所凿，在唐末就已经是游览胜地；五代时，福州西湖成为闽王王审知次子王延钧的御花园；到宋代更富盛景；清道光八年（公元1828年）林则徐为湖岸砌石，重新修建；1914年辟为西湖公园。

　　2021年1月29日，福州西湖公园被评为国家3A级旅游景区。

图 3-5-7  第 5 张幻灯片效果

图 3-5-8  第 6 张幻灯片效果

图 3-5-9　第 8 张幻灯片效果

图 3-5-10　第 10 张幻灯片效果

（5）编辑第 7 张幻灯片。

① 在第 6 张幻灯片后面，添加一张"标题和内容"版式幻灯片，在标题栏中输入文字"福州国家森林公园介绍"，设置字体为"方正小标宋简体"，动画效果为"擦除，自左侧"。

② 在内容栏输入文字"福州国家森林公园……"，设置字体为"方正小标宋简体"，行距为"1.5 倍行距"，动画效果设置为"百叶窗，在上一动画之后"。

③ 单击"插入"选项卡中的"图片"按钮，插入图片"素材\实例素材\图片 16.jpeg"，设置图片置于文字下方；单击"图片工具"选项卡，然后单击"透明度"按钮，在弹出的下拉菜单中选择"60%"选项，如图 3-5-11 所示，并设置动画效果为"盒状，在上一动画之后"。

完成第 7 张幻灯片，效果如图 3-5-12 所示。

④ 采用相同的操作方式完成第 9 张幻灯片，效果如图 3-5-13 所示。

单击
图片工具
查找命令、搜索模板
单击
效果
透明度
组合
上移一层
透明色
色彩
边框
预设透明度
0%
20%
40%
60%
80%
95%
选择“60%”
自定义透明度
60%

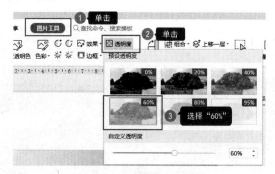

图 3-5-11　设置图片透明度

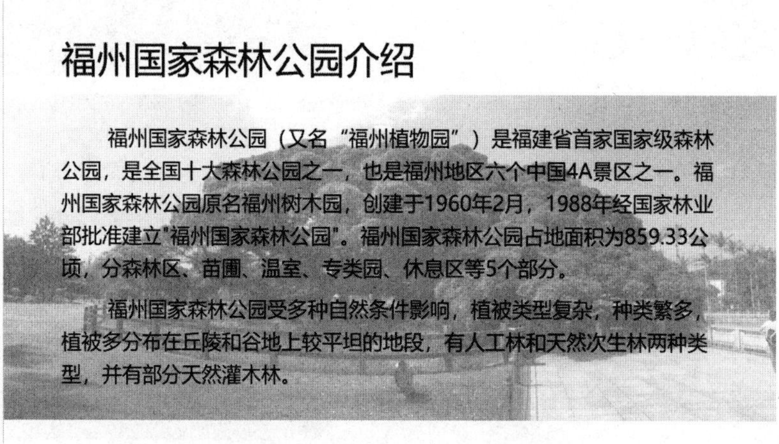

福州国家森林公园介绍
福州国家森林公园（又名“福州植物园”）是福建省首家国家级森林公园，是全国十大森林公园之一，也是福州地区六个中国4A景区之一。福州国家森林公园原名福州树木园，创建于1960年2月，1988年经国家林业部批准建立"福州国家森林公园"。福州国家森林公园占地面积为859.33公顷，分森林区、苗圃、温室、专类园、休息区等5个部分。
福州国家森林公园受多种自然条件影响，植被类型复杂，种类繁多，植被多分布在丘陵和谷地上较平坦的地段，有人工林和天然次生林两种类型，并有部分天然灌木林。

图 3-5-12　第 7 张幻灯片效果

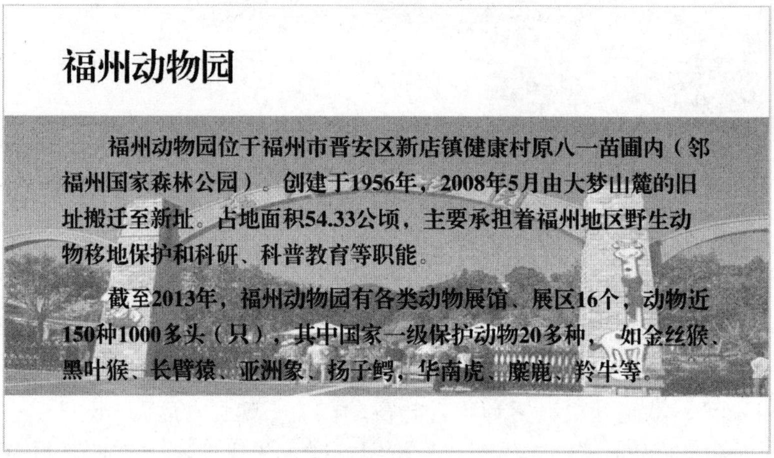

福州动物园
福州动物园位于福州市晋安区新店镇健康村原八一苗圃内（邻福州国家森林公园）。创建于1956年，2008年5月由大梦山麓的旧址搬迁至新址。占地面积54.33公顷，主要承担着福州地区野生动物移地保护和科研、科普教育等职能。
截至2013年，福州动物园有各类动物展馆、展区16个，动物近150种1000多头（只），其中国家一级保护动物20多种，如金丝猴、黑叶猴、长臂猿、亚洲象、扬子鳄、华南虎、麋鹿、羚牛等。

图 3-5-13　第 9 张幻灯片效果

（6）设置全部幻灯片切换效果为“溶解”。

## 四、实例效果

实例效果如图 3-5-14 所示。

图 3-5-14　实例效果

## 五、实战模拟

跟着小谢学习，大家对演示文稿的制作有没有更多的认识呢？下面我们一起来实战模拟练习。

**练习**　制作一份"福州传统美食"演示文稿

实战模拟
制作一份"福州传统美食"演示文稿

除了家乡的风景，家乡的特色美食也是吸引游客的一大亮点。请你制作一份"福州传统美食"演示文稿，制作效果如图 3-5-15 所示。

图 3-5-15　制作效果

**制作要求：**

（1）新建演示文稿，保存为"福州传统美食.pptx"。

（2）编辑第 1 张幻灯片。

① 制作第 1 张幻灯片，新建一张"空白"版式幻灯片，插入背景图片"素材\图片 1.png"。

② 插入横向文本框，多按几下 Enter 键使文本框底部超过本幻灯片底部，设置填充为"白色渐变"，让该文本框起到蒙版效果。

③ 插入 6 个文本框，分别输入文字"舌""尖""上""的""福""州"，设置字符格式

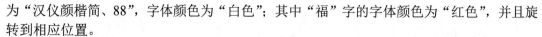

为"汉仪颜楷简、88",字体颜色为"白色";其中"福"字的字体颜色为"红色",并且旋转到相应位置。

④ 插入图片"素材\美食印章.jpeg",裁剪至椭圆形,第1张幻灯片如图3-5-15左上角图片所示。

（3）编辑第2张幻灯片。

① 新建"两栏内容"版式幻灯片,在标题栏输入文字"佛跳墙（福建省福州市特色名菜）",分别设置字号为"44号"和"24号"。

② 在左边栏插入图片"素材\图片2.jpeg";右边栏输入文字"佛跳墙又名福寿全,是福建省……",设置行距为"1.5倍行距",特殊格式为"首行缩进"。

③ 绘制一个矩形框,设置线条颜色为"橙色,着色4",线条宽度为"4磅",无填充。

（4）编辑第3张幻灯片。

① 新建一张"空白"版式幻灯片,绘制一个黑色的矩形,在矩形内部右侧插入文字"鱼丸",设置字号为"72",字体颜色为"白色"。

② 插入图片"素材\图片3.jpeg",调整好图片大小,并放置于合适的位置。

③ 在下方插入文本框,输入文字"鱼丸又称'鱼包肉'……",设置行距为"1.5倍行距",特殊格式为"首行缩进"。

（5）编辑第4张幻灯片。

① 新建一张"空白"版式幻灯片,插入两张图片"素材\图片4.jpeg、图片5.jpeg",分别调整好大小并放置于合适的位置。

② 插入两个文本框,分别输入文字"福建油饼（以大米为主料制作的菜品）……"和"每年立夏日,是福州以风味小吃……",放置于合适的位置。

③ 复制第2张幻灯片的橙色边框,粘贴到这张幻灯片中。

（6）编辑第5张幻灯片。

① 新建一张"空白"版式幻灯片,绘制一个长方形,无线条,设置填充颜色为"金色,着色4,浅色40%"。

② 插入艺术字,预设样式为"填充-白色,轮廓-着色2,清晰阴影-着色2",输入文字"福州冬至搓C"。

③ 插入文本框,输入文字"糍粑,福州冬至必吃的一道美食……",设置行距为"1.5倍行距",特殊格式为"首行缩进"。

（7）采用同样的操作方式完成第6、7张幻灯片。

（8）编辑第8张幻灯片。

制作最后一张幻灯片,与完成第1张幻灯片操作方式相同。

（9）设置全部幻灯片切换效果为"擦除",为所有幻灯片设置合适的动画效果。

 ## 实例六　制作"宣传家乡文化传统"演示文稿

实例六
制作"宣传家乡文化
传统"演示文稿

### 一、实例背景

小谢作为一名福州旅游公司的业务推广员,希望全国各地的游客能够来到福州这座美丽的城市游玩一番，体验当地的民俗风情，为此他要制作一份宣传家乡文化传统的演示文稿。

## 二、实例分析

小谢整理了一下思路，准备从以下几个方面来完成文稿制作。
（1）设置演示文稿页面、字体、字号等。
（2）插入图片、形状、文本框。
（3）设置切换效果、动画效果等。
（4）设置幻灯版母版。

## 三、制作过程

**1．新建演示文稿，设置幻灯片母版**

（1）新建以"白色"为背景的空白演示文稿，如图 3-6-1 所示，并命名为"家乡文化传统.pptx"。

图 3-6-1　新建演示文稿

（2）编辑幻灯片母版。

单击"设计"选项卡中的"编辑母版"按钮，分别给"标题和内容"和"两栏内容"两张幻灯片插入长方形边框，设置颜色为"淡绿，着色 6，浅色 40%"，宽度为"4.00 磅"，线条类型为"长划线-点"，如图 3-6-2 所示。设置完成后，关闭幻灯片母版。

**2．编辑演示文稿**

（1）制作第 1 张"空白"幻灯片。

① 新建第 1 张"空白"版式幻灯片，单击"插入"选项卡中的"图片"按钮，插入图片"素材\实例素材\图片 1.jpeg"，放置于本张幻灯片右侧。

图 3-6-2　编辑幻灯片母版

② 单击"插入"选项卡中的"形状"按钮，在弹出的下拉菜单中选择"基本形成-椭圆"选项，按住 Shift 键，绘制一个正圆，填充色为"淡绿，着色 6，浅色 40%"。在圆中输入"端"字，设置字符格式为"方正小标宋简体、72 号"，字体颜色为"白色"。

③ 采用同样的操作方式完成"午"和"节"字。

④ 单击"插入"选项卡中的"形状"按钮，在弹出的下拉菜单中选择"线条-直线"选项，在旁边绘制两条竖直线，设置线条颜色为"淡绿，着色 6，浅色 40%"。

⑤ 插入竖向文本框，输入竖排文字"家乡文化传统节日"。

完成第 1 张幻灯片，效果如图 3-6-3 所示。

图 3-6-3　第 1 张幻灯片效果

（2）编辑第 2、3 张幻灯片。

① 添加一张"标题和内容"版式幻灯片，单击"插入"选项卡中的"图片"按钮，插入图片"素材\实例素材\图片 2.jpeg"，放置在本张幻灯片右侧。单击"图片工具"选项卡，然后单击"透明度"按钮，在弹出的下拉菜单中设置透明度为"60%"，如图 3-6-4 所示。

图 3-6-4　图片透明度设置

② 单击标题栏，输入标题文字"端午节"，设置字体颜色为"淡绿，着色 6，浅色 25%"。

③ 下方内容栏输入文字"端午节是我国古老的传统……"，设置字体颜色为"淡绿，着色 6，浅色 25%"，行距为"1.5 倍行距"。

完成第 2 张幻灯片，效果如图 3-6-5 所示。

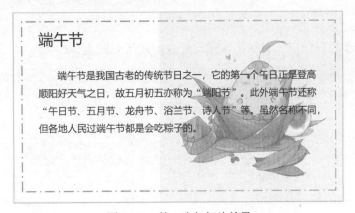

图 3-6-5　第 2 张幻灯片效果

④ 采用同样的操作方式完成第 3 张幻灯片，效果如图 3-6-6 所示。

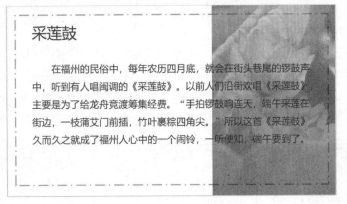

图 3-6-6　第 3 张幻灯片效果

（3）编辑第 4、5 张幻灯片。

① 添加一张"标题和内容"版式幻灯片，在标题栏输入文字"赛龙舟"，设置字体颜色为"淡绿，着色 6，浅色 25%"。

② 在下方内容栏输入文字"端午节赛龙舟的寓意是……",设置字体颜色为"淡绿,着色 6,浅色 25%",行距为"1.5 倍行距"。

③ 单击"设计"选项卡中的"背景"按钮,插入背景图片"素材\实例素材\图片 3.jpeg"。完成第 4 张幻灯片,效果如图 3-6-7 所示。

图 3-6-7　第 4 张幻灯片效果

④ 采用同样的操作方式完成第 5 张幻灯片,效果如图 3-6-8 所示。

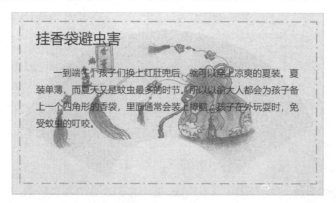

图 3-6-8　第 5 张幻灯片效果

(4) 编辑第 6、7 张幻灯片。

① 新建一张"空白"版式幻灯片,单击"插入"选项卡中的"形状"按钮,在弹出的下拉菜单中选择"线条-直线"选项。绘制几根直线,设置颜色为"淡绿,着色 6,浅色 25%",宽度为"4 磅",绘制成特定图形,并分别插入"素材\图片 5.jpeg、图片 6.jpeg、图片 7.jpeg"。设置完成后,图片摆放效果如图 3-6-9 所示。

图 3-6-9　图片摆放效果

② 单击"插入"选项卡中"文本框"右侧的下拉按钮，在弹出的下拉菜单中选择"横向文本框"选项，拖曳鼠标指针绘制文本框，输入文字"清明折松枝，端午插艾草……"，设置字体颜色为"淡绿，着色 6，浅色 25%"，行距为"1.5 倍行距"，特殊格式为"首行缩进"。

完成第 6 张幻灯片，效果如图 3-6-10 所示。

图 3-6-10　第 6 张幻灯片效果

③ 采用类似的操作方式完成第 7 张幻灯片，效果如图 3-6-11 所示。

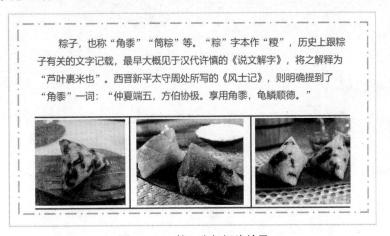

图 3-6-11　第 7 张幻灯片效果

（5）编辑第 8 张幻灯片。

① 添加一张"比较"版式幻灯片，删除标题栏，单击"插入"选项卡中的"图片"按钮，在本张幻灯片顶部插入图片"素材\实例素材\图片 12.jpeg"，并调整好图片大小。

② 在图片下方左边栏中输入文字"雄黄酒 抹身上"和"端午前后，湿热的天气……"，右边栏中输入文字"点黄烟 赶长虫"和"到了端午，大家有在家中点黄烟……"，设置字体颜色为"淡绿，着色 6，浅色 25%"，行距为"1.5 倍行距"，特殊格式为"首行缩进"。

完成第 8 张幻灯片，效果如图 3-6-12 所示。

（6）设置全文幻灯片切换效果为"溶解"，并给所有幻灯片对象添加合适的动画效果。

图 3-6-12　第 8 张幻灯片效果

## 四、实例效果

实例效果如图 3-6-13 所示。

图 3-6-13　实例效果

## 五、实战模拟

跟着小谢学习，大家对演示文稿的制作有没有更多的认识呢？下面我们一起来实战模拟练习。

| 练 习 | 制作一份"福州脱胎漆器"演示文稿 |

福州脱胎漆器，作为福建省福州市的特产，也是中国国家地理标志产品，其特点是质地轻巧坚固，造型古朴大方，装饰丰富多彩，耐温不褪色，是艺术家们喜爱的收藏品之一。请大家制作一份介绍"福州脱胎漆器"的演示文稿，制作效果如图 3-6-14 所示。

**实战模拟**
制作一份"福州脱胎漆器"演示文稿

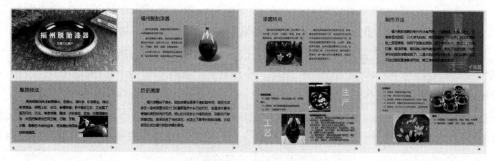

图 3-6-14　制作效果

**制作要求：**

（1）新建演示文稿，保存为"福州脱胎漆器.pptx"。

（2）编辑幻灯片母版，设置背景填充为"纹理-泥土2"，全部应用于文稿。

（3）编辑第1、3、4、5、6张幻灯片。

① 新建第1张"标题"版式幻灯片，在标题栏输入文字"福州脱胎漆器"，副标题输入文字"非遗文化遗产"，设置字体颜色为"白色"。

② 插入背景图片"素材\背景1.jpeg"。

（4）编辑第2、3、4、5、6张幻灯片。

① 新建一张"两栏内容"版式幻灯片，输入标题"福州脱胎漆器"。左边栏输入文字"福州脱胎漆器……"，设置行距为"1.5倍行距"，特殊格式为"首行缩进"；右边栏插入图片"素材\图片1.jpeg"。

② 采用类似的操作方式完成后面第3、4、5、6张幻灯片。

（5）编辑第7张幻灯片。

① 新建一张"空白"版式幻灯片，绘制一根直线，设置宽度为"4磅"，颜色为"橙色，着色4，浅色40%"，放置于幻灯片中间。

② 在直线上方插入文本框，输入文字"塑制石膏模……"，设置行距为"1.5倍行距"；右侧插入图片"素材\图片6.jpeg"，调整好大小后放置于合适位置；在旁边插入艺术字，设置艺术字格式为"渐变填充-金色，轮廓-着色4"，输入竖排文字"生产"。

③ 采用类似的方式完成横线下面的艺术字，插入图片，插入文本框。

④ 采用同样的操作方式完成第8张幻灯片。

（6）设置全部文稿切换效果为"百叶窗"，并为所有幻灯片设置合适的动画效果。

---

 **实例七　制作"弘扬奥运精神"演示文稿**

实例七
制作"弘扬奥运
精神"演示文稿

### 一、实例背景

奥运健儿用日复一日、年复一年的点滴投入和以心无旁骛的专注精神潜心训练，将动作技术一次次打磨，一点点推向极致，不断挑战再挑战，无不显示着匠心的力量。为了让新时代的我们能够传承好这份匠心，小彤特地制作了一份"弘扬奥运精神"演示文稿进行宣讲。

### 二、实例分析

小彤整理了一下思路，准备从以下几个方面来完成文稿制作。

（1）设置幻灯片母版。

（2）插入图片、文本框、图标、智能图形等。

（3）设置动画效果。

（4）设置放映效果。

## 三、制作过程

### 1. 新建并保存文档

（1）启动 WPS，新建一份空白演示文稿，会自动出现一张"空白"版式幻灯片，如图 3-7-1 所示。

（2）将演示文稿命名为"弘扬奥运精神.pptx"进行保存。

图 3-7-1　新建空白演示文稿

### 2. 编辑幻灯片母版

（1）单击"设计"选项卡中的"编辑母版"按钮，进入"幻灯片母版"选项卡。单击"插入"选项卡中"图片"右侧的下拉按钮，在弹出的下拉菜单中选择"本地图片"选项，在打开的"插入图片"对话框中选择"绿色背景"图片，然后单击"打开"按钮，插入图片，如图 3-7-2 所示。

图 3-7-2　编辑幻灯片母版

（2）单击"幻灯片母版"选项卡中的"关闭"按钮，退出幻灯片母版编辑。

### 3. 编辑演示文稿

（1）制作第 1 张幻灯片。

单击"插入"选项卡中的"图片"按钮，选择"奥运精神"图片，单击"打开"按钮。为第1张幻灯片添加背景图片。

完成第1张幻灯片，效果如图3-7-3所示。

（2）编辑第2张幻灯片。

① 单击"插入"选项卡中的"新建幻灯片"按钮，新增一张幻灯片。

② 选中新增的幻灯片，单击"插入"选项卡中的"形状"按钮，在弹出的下拉菜单中选择"矩形-圆角矩形"选项，绘制一个圆角矩形，设置填充颜色为"白色，背景1"，轮廓为"无边框颜色"，如图3-7-4所示。

图 3-7-3　第 1 张幻灯片效果

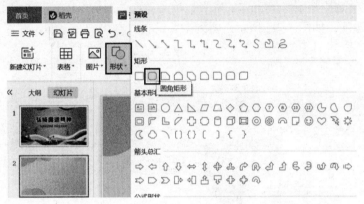

图 3-7-4　选择形状

③ 在白色圆角矩形上方绘制一个小矩形，设置填充颜色为"中海洋绿-森林绿渐变"，轮廓为"无边框"颜色；再绘制一个长矩形，无填充颜色，设置轮廓为"实线、绿色"，如图 3-7-5 所示。

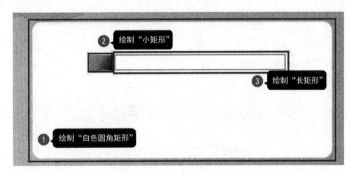

图 3-7-5　绘制图形

④ 按住 Shift 键并同时选中小矩形和长矩形后右击，在弹出的快捷菜单中选择"组合"选项；选择该组合，复制出两组，并在上面输入相应文字，设置字符格式为"思源黑体、16 号"；"目录"字符格式为"微软雅黑、44、加粗"，字体颜色为"中海洋绿-森林绿渐变"。设置完成后，"目录"幻灯片效果如图 3-7-6 所示。

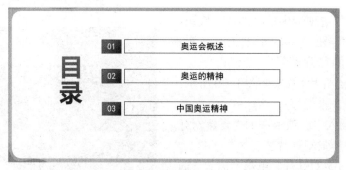

图 3-7-6　"目录"幻灯片效果

⑤ 单击"插入"选项卡中的"形状"按钮，在弹出的下拉菜单中选择"基本形状-椭圆"选项，按住 Shift 键绘制两个正圆。再绘制一个矩形，设置填充颜色为"中海洋绿-水鸭色渐变"；同时选中矩形和其上方的圆形，单击"合并形状"按钮，在弹出的下拉菜单中选择"剪除"选项，如图 3-7-7 所示，得到半圆，再复制出一个半圆，并置于合适位置。

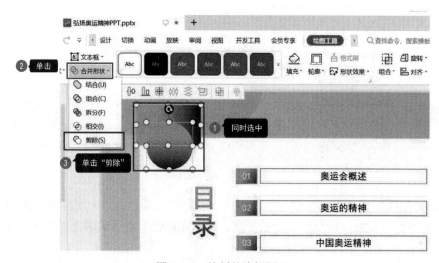

图 3-7-7　绘制并编辑图形

⑥ 插入图片。单击"插入"选项卡中的"图片"按钮，选择"图片 1"，单击"打开"按钮，将图片调整好大小并置于合适位置。

完成第 2 张幻灯片，效果如图 3-7-8 所示。

图 3-7-8　第 2 张幻灯片效果

（3）编辑第 3 张幻灯片。

① 添加一张新幻灯片，插入"奥运五环"图片，

② 绘制圆角矩形，在圆角矩形中插入两个文本框，输入文字"Part 01"和"奥运会概述"，设置字符格式为"微软雅黑、30"，字体颜色为"绿色"。

③ 设置动画效果。为文字"Part 01"添加动画效果"下降，与上一动画同时，快速（1秒）"；为文字"奥运会概述"添加动画效果"上升，与上一动画同时，快速（1秒）"。

完成第 3 张幻灯片，效果如图 3-7-9 所示。

图 3-7-9　第 3 张幻灯片效果

（4）编辑第 4 张幻灯片。

① 新增一张幻灯片，单击"插入"选项卡中的"形状"按钮，在弹出的下拉菜单中选择相应形状绘制图形，如图 3-7-10 所示。

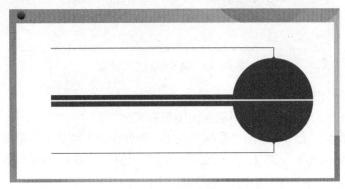

图 3-7-10　绘制图形

② 插入 5 个文本框，输入文字后对文字的字体、颜色等进行适当的设置，并调整至合适位置。

③ 设置动画效果。为文字"运动竞赛"和"友谊精神"添加动画效果"渐变式缩放，与上一动画同时，非常快（0.5 秒）"；为文字"环的颜色从左至右为……结果而努力"和"它代表着奥林匹克……真正的国际性的标志"添加动画效果"擦除，单击时，自左侧，非常快（0.5 秒）"。

完成第 4 张幻灯片，效果如图 3-7-11 所示。

（5）编辑第 5 张幻灯片。

① 复制幻灯片。选中第 3 张幻灯片后右击，在弹出的快捷菜单中选择"复制"选项，将鼠

标定位到第 4 张幻灯片后，再次右击，在弹出的快捷菜单中选择"粘贴"选项。

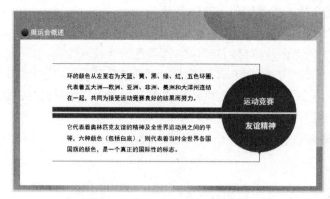

图 3-7-11　第 4 张幻灯片效果

② 更改文字。将第 5 张幻灯片中的"Part 01"改为"Part 02"，"奥运会概述"改为"奥运的精神"。

完成第 5 张幻灯片，效果如图 3-7-12 所示。

图 3-7-12　第 5 张幻灯片效果

（6）编辑第 6 张幻灯片。

① 复制第 4 张幻灯片，删除不需要的图形和文字。

② 单击"插入"选项卡中的"图标"按钮，在弹出的下拉菜单中单击"免费"选项卡中的"扁平风教学类元素"类型，然后选择"地球"选项，为幻灯片添加图标，如图 3-7-13 所示。

图 3-7-13　插入图标

③ 插入文本框，输入文字并设置适当的字体格式和段落格式。

完成第 6 张幻灯片，效果如图 3-7-14 所示。

（7）编辑第 7 张幻灯片。

① 复制幻灯片。选中第 3 张幻灯片后右击，在弹出的快捷菜单中选择"复制"选项，将鼠标定位到第 6 张幻灯片后，再次右击，在弹出的快捷菜单中选择"粘贴"选项。

② 更改文字。将第 7 张幻灯片中的"Part 01"改为"Part 03"，"奥运会概述"改为"中国奥运精神"。

完成第 7 张幻灯片，效果如图 3-7-15 所示。

图 3-7-14　第 6 张幻灯片效果

图 3-7-15　第 7 张幻灯片效果

（8）编辑第 8 张幻灯片。

① 复制第 6 张幻灯片，删除不需要的图形和文字。

② 单击"插入"选项卡中的"智能图形"按钮，在打开的"智能图形"对话框中选择"稻壳智能图形"下的免费图形，如图 3-7-16 所示。

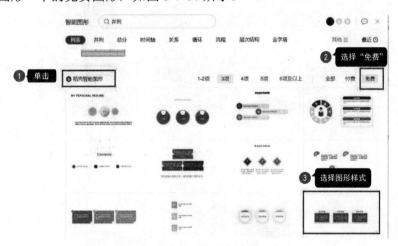

图 3-7-16　插入智能图形

③ 选择插入的智能图形，更改为合适的填充颜色和轮廓，如图 3-7-17 所示。

④ 输入文字，并对文字的字体、颜色等进行适当的设置，如图 3-7-18 所示。

⑤ 再绘制一个矩形，输入文字，并在其右侧插入"图片 2"。

完成第 8 张幻灯片，效果如图 3-7-19 所示。

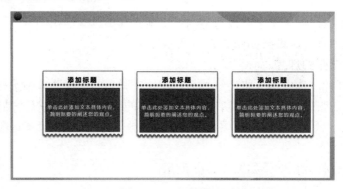

图 3-7-17　智能图形

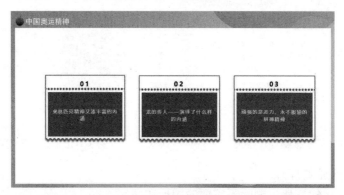

图 3-7-18　设置文字字体、颜色

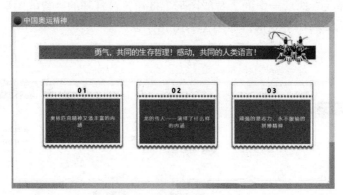

图 3-7-19　第 8 张幻灯片效果

图 3-7-20　第 9 张幻灯片效果

（9）编辑第 9 张幻灯片。

① 复制第 2 张幻灯片，删除不需要的图片和文字。

② 单击"插入"选项卡中的"图片"按钮，添加"图片 3"，并调整好大小后置于合适位置。

③ 插入文本框，输入文字，并适当设置字体和段落格式。

完成第 9 张幻灯片，效果如图 3-7-20所示。

#### 4．设置幻灯片放映效果

（1）单击"切换"选项卡，在"切换"样式下拉菜单中选择"随机"切换效果，如图 3-7-21 所示，然后单击"全部应用"按钮。

图 3-7-21　设置切换效果

（2）单击"放映"选项卡中"放映设置"右侧的下拉按钮，在弹出的下拉菜单中选择"放映设置"选项，在打开的"设置放映方式"对话框中设置放映类型、绘图笔颜色、换片方式后，单击"确定"按钮。

### 四、实例效果

实例效果如图 3-7-22 所示。

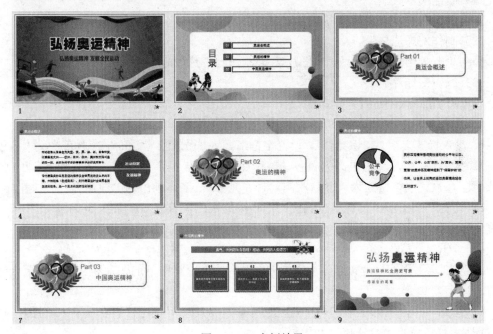

图 3-7-22　实例效果

### 五、实战模拟

跟着小彤学习，大家对演示文稿的制作有没有更多的认识呢？下面我们一起来实战模拟练习。

**练习**　制作一份"冬奥会知识竞赛"演示文稿

实战模拟
制作一份"冬奥会知
识竞赛"演示文稿

为了让大家多了解一些奥运的知识，引导大家热爱运动，感受奥运体育的魅力。请你制作一份"冬奥会知识竞赛"演示文稿，进行一次"奥运知识知多少"的比赛吧，制作效果如图 3-7-23 所示。

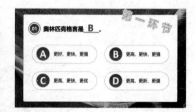

图 3-7-23　制作效果

**制作要求：**

（1）新建演示文稿。

新建演示文稿，命名为"冬奥会知识竞赛.pptx"。

（2）制作幻灯片母版。

插入"背景图片 1"和"背景图片 2"，制作幻灯片母版。

（3）编辑幻灯片。

① 编辑第 1 张幻灯片。

a．插入"图片 1"～"图片 9"，调整至合适的位置和大小。

b．输入标题文字"知识竞赛"，设置字符格式为"微软雅黑、66"，字体颜色为"白色"，复制并粘贴此标题，颜色更改为黄色，将两个标题进行组合；输入文字"相/约/北/京/助/力/冬/奥"，设置字符格式为"微软雅黑、16、倾斜"，字体颜色为"白色"。

c．绘制一个梯形，设置填充颜色为"暗淡的灰色，着色 3，深色 50%"，无线条，透明度为"56%"，并将其放置于本张幻灯片左下角的最底层。

② 编辑第 2 张幻灯片。

a．复制第 1 张幻灯片，删除不需要的图片和文字。将留下的图片和文字调整至合适的位置和大小。

b．绘制一个白色的矩形和两个蓝色的梯形，将三个形状进行组合后插入"图片 10"和"图片 11"，调整至合适位置和大小。

c．插入文本框，输入文字"01"、"02"和"03"，设置字符格式为"微软雅黑、40、加粗"，字体颜色为"白色"；输入文字"小组必答题""抢答题""风险题"，设置字符格式为"宋体、36、加粗"，字体颜色为"黑色"。

③ 编辑第 3 张幻灯片。

a．绘制圆形，设置填充颜色为"蓝色"；绘制圆角矩形，设置填充颜色为"白色，背景 1，深色 25%"。

② 插入文本框，输入文字"A""B""C""D"，设置字符格式为"Calibri、60、加粗"，字体颜色为"白色"；其他文字的字体设置为"微软雅黑"，字号和字形根据内容需要灵活设置。

④ 编辑第4张幻灯片。

方法同编辑第3张幻灯片类似。

⑤ 编辑第5张幻灯片。

a. 绘制"流程图-文档"图形，分别设置填充颜色为"蓝色""红色""绿色""黑色""黄色"。

b. 插入"图片12"和"图片13"，调整至合适的位置和大小。

c. 5个图形中插入文本框，输入相应文字，设置形状中的字符格式为"微软雅黑、28、加粗"，字体颜色为"白色"；输入标题文字"奥运五环都有什么颜色？各个颜色所代表的大洲是什么？"，设置字符格式为"微软雅黑、32、加粗"，字体颜色为"黑色"。

⑥ 编辑第6张幻灯片。

方法同编辑第5张幻灯片类似。

（4）修饰幻灯片。

① 设置合适的动画效果。

a. 将第1张幻灯片中"图片1"的动画效果设置为"擦除，单击时，自左侧，非常快（0.5秒）"。

b. 将第1张幻灯片中"图片3"和"图片6"的动画效果设置为"擦除，单击时，自底部，非常快（1秒）"。

c. 将第1张幻灯片中"图片4"的动画效果设置为"上升，单击时，快速（1秒）"。

d. 将第1张幻灯片中"图片5"的动画效果设置为"渐变式缩放，单击时，非常快（0.5秒）"。

e. 将第1张幻灯片标题"知识竞赛"的动画效果设置为"压缩，单击时，快速（1秒）"。

f. 将第2张幻灯片中3个组合的动画效果设置为"上升，单击时，快速（1秒）"。

g. 自行设置第3～6张的幻灯片动画效果，合理即可。

② 设置合适的切换效果。

a. 设置第1张和第2张幻灯片的切换效果为"无"。

b. 设置第3～6张幻灯片的切换效果为"梳理，水平"。

③ 设置合适的放映效果。

设置"手动放映"效果。

# 实例八　制作"不忘初心、共同抗疫"演示文稿

实例八
制作"不忘初心、共同抗疫"演示文稿

## 一、实例背景

疫情期间，为了让大家能坚守抗疫初心和使命，严守抗疫成果不放松，小君特地制作了一份"不忘初心、共同抗疫"演示文稿进行宣讲。

## 二、实例分析

小君整理了一下思路,准备从以下几个方面来完成文稿制作。
(1)设置幻灯片母版。
(2)插入图片、文本框、形状等。
(3)插入折线图、编辑数据、修饰图表等。
(4)设置动画效果、切换效果、放映效果。

## 三、制作过程

### 1. 新建并保存文档

(1)启动 WPS,新建一份空白演示文稿,如图 3-8-1 所示,会自动出现一张"空白"版式幻灯片。

(2)将演示文稿命名为"不忘初心 共同抗疫.pptx"进行保存。

### 2. 编辑幻灯片母版

① 单击"设计"选项卡中的"编辑母版"按钮,进入"幻灯片母版"选项卡。单击"插入"选项卡中"图片"右侧的下拉按钮,在弹出的下拉菜单中选择"本地图片"选项,打开"插入图片"对话框,选择"蓝色背景"图片,单击"打开"按钮,插入图片。

② 单击"插入"选项卡中的"形状"按钮,在弹出的下拉菜单中选择"矩形-圆角矩形"选项,绘制一个圆角矩形,如图 3-8-2 所示。

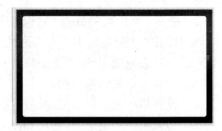

图 3-8-1 新建空白演示文稿　　　　　　　　图 3-8-2 编辑幻灯片母版

③ 单击"幻灯片母版"选项卡中的"关闭"按钮,退出幻灯片母版编辑。

### 3. 编辑演示文稿

(1)制作第 1 张幻灯片。

① 单击"插入"选项卡中的"图片"按钮,插入"图片 1"和"图片 2",为第 1 张幻灯片添加两张图片,适当地调整图片的位置和大小。

② 单击"插入"选项卡中"文本框"右侧的下拉按钮,在弹出的下拉菜单中选择"横向文本框"选项,绘制两个文本框,分别输入文字"不忘初心""共同抗疫"后并选中这两个文本框,然后单击"文本工具"选项卡,应用"图案填充-深色上对角线,阴影"样式,设置字符格式为"72、加粗",如图 3-8-3 所示。

图 3-8-3  选择文本样式

③ 动画设置，为两个文本添加动画效果"擦除，与上一动画同时，自顶部，非常快（0.5秒）"。

完成第 1 张幻灯片，效果如图 3-8-4 所示。

图 3-8-4  第 1 张幻灯片效果

（2）编辑第 2 张幻灯片。

① 按"Ctrl+M"组合键，新增 1 张幻灯片。

② 单击"插入"选项卡中的"图片"按钮，插入"图片 3"和"图片 4"，为第 2 张幻灯片添加两张图片，再适当地调整图片的位置和大小。

③ 单击"插入"选项卡中的"形状"按钮，在弹出的下拉菜单中选择"基本形状-泪滴形"选项，如图 3-8-5 所示，绘制一个水滴，设置填充颜色为"蓝色"。再复制出两个水滴，在这三个水滴中分别输入"01""02""03"。

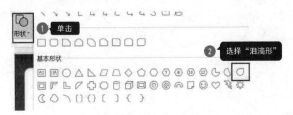

图 3-8-5  "泪滴形"形状

④ 在上一步弹出的下拉菜单中选择"线条-直线"选项，绘制一条短线，填充颜色为"蓝色"。

⑤ 单击"插入"选项卡中"文本框"右侧的下拉按钮，在弹出的下拉菜单中选择"横向文本框"选项，插入 5 个文本框，分别输入文字"目录""CONTENTS""疫情情况""奥密克戎的特征""防疫知识再熟读"，并设置合适的字符格式。

⑥ 将"01"水滴形状和"疫情情况"文本框选中，右击，在弹出的快捷菜单中选择"组合"选项。将"02"水滴形状和"奥密克戎的特征"文本框选中，右击，在弹出的快捷菜单中选择"组合"选项。将"03"水滴形状和"防疫知识再熟读"文本框选中，右击，在弹出的快捷菜单中选择"组合"选项。三个组合的动画效果均设置为"飞入，在上一个动画之后，自底部，快速（1 秒）"。

完成第 2 张幻灯片，效果如图 3-8-6 所示。

图 3-8-6　第 2 张幻灯片效果

（3）编辑第 3 张幻灯片。

① 新增一张幻灯片，插入"图片 5"。

② 绘制形状。

a．单击"插入"选项卡中的"形状"按钮，选择"基本形状-菱形"选项，如图 3-8-7 所示，绘制一个大的菱形、两个小的菱形，设置大的菱形填充颜色为"蓝色"，小的菱形填充颜色为"浅蓝色"。

b．选择"线条-任意多边形"选项绘制大于号，设置样式为"无填充颜色"，轮廓为"浅蓝"，线型为"3 磅"。

图 3-8-7　选择形状

③ 插入文本框，输入文字"疫情情况"，设置字符格式为"微软雅黑、50、加粗"。完成第 3 张幻灯片，效果如图 3-8-8 所示。

图 3-8-8　第 3 张幻灯片效果

（4）编辑第 4 张幻灯片。

① 新增一张幻灯片，添加标题文字"全国新增确诊/疑似趋势图"。

② 单击"插入"选项卡中的"图表"按钮，在弹出的下拉菜单中选择"图表"选项。在打开的"图表"对话框中选择"折线图"选项卡，再从右侧选择"带数据标记的折线图"选项，会出现如图 3-8-9 所示的系统预设的图表及数据。

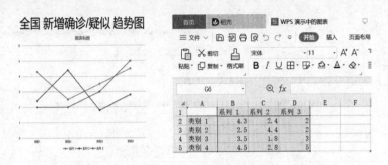

图 3-8-9　系统预设的图表及数据表

③ 编辑数据表。

a．将光标置于"WPS 演示中的图表"窗口中的数据区域。

b．按如图 3-8-10 所示左侧的表，编辑表中的数据，然后关闭"WPS 演示中的图表"，返回演示文稿，生成如图 3-8-10 所示的图表。

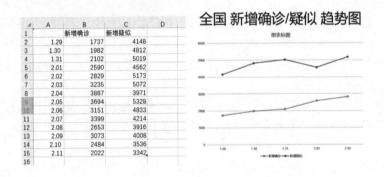

图 3-8-10　编辑数据表后生成的新图表

④ 修饰图表。

a．在图表标题中输入文字"单位：例"，设置字符格式为"微软雅黑、13"，并将其移至图表区域的左侧。

b．选中图表，应用系统自带的"样式 12"。

完成第 4 张幻灯片，效果如图 3-8-11 所示。

（5）编辑第 5 张幻灯片。

① 复制幻灯片。选中第 3 张幻灯片后右击，在弹出的快捷菜单中选择"复制"选项，将鼠标指针定位到第 4 张幻灯片后右击，在弹出的快捷菜单中选择"粘贴"选项。

② 更改文字。将第 4 张幻灯片中"PART 1"改为"PART 2"，"疫情情况"改为"奥密克戎的特征"。

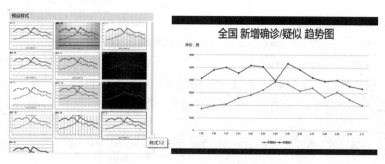

图 3-8-11　第 4 张幻灯片效果

完成第 5 张幻灯片，效果如图 3-8-12 所示。

图 3-8-12　第 5 张幻灯片效果

（6）编辑第 6 张幻灯片。

① 单击"插入"选项卡中的"新建幻灯片"按钮，插入一张新的幻灯片。

② 绘制形状。

a．单击"插入"选项卡中的"形状"按钮，在弹出的下拉菜单中选择"矩形-圆角矩形"选项，绘制出一个圆角矩形。

b．在上一步的下拉菜单中选择"矩形-矩形"选项，绘制一个矩形，设置无填充颜色，轮廓为"浅蓝色"，宽度为"1 磅"，虚线线型为"长划线"。再复制三个矩形，并调整四个矩形的大小和位置。

c．在上一步的下拉菜单中选择"线条-曲线"选项，绘制出四条曲线。单击"绘图工具"选项卡，然后单击"编辑形状"按钮，在弹出的下拉菜单中选择"编辑顶点"选项，对曲线顶点进行调整，如图 3-8-13 所示。

图 3-8-13　编辑形状

③ 单击"插入"选项卡中的"图片"按钮，选择"图片 6"，单击"打开"按钮，插入图片。

④ 插入文本框，输入文字并设置适当的字体格式。

完成第 6 张幻灯片，效果如图 3-8-14 所示。

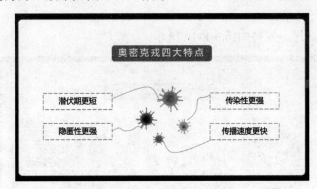

图 3-8-14　第 6 张幻灯片效果

（7）编辑第 7 张幻灯片。

① 复制幻灯片。选中第 3 张幻灯片后右击，在弹出的快捷菜单中选择"复制"选项；将鼠标定位到第 6 张幻灯片后右击，在弹出的快捷菜单中选择"粘贴"选项。

② 更改文字。将幻灯片中"PART 1"改为"PART 3"，"疫情情况"改为"防疫知识再熟读"。

完成第 7 张幻灯片，效果如图 3-8-15 所示。

图 3-8-15　第 7 张幻灯片效果

（8）编辑第 8 张幻灯片。

① 单击"插入"选项卡中的"新建幻灯片"按钮，插入一张新的幻灯片。

② 单击"插入"选项卡中的"形状"按钮，在弹出的下拉菜单中选择"矩形-圆角矩形"选项，绘制一个大的圆角矩形，设置填充颜色为"矢车菊青，着色 1，浅色 40%"，无轮廓。选中圆角矩形，按住 Ctrl 键并拖曳鼠标指标，复制出 3 个圆角矩形。

③ 在 4 个圆角矩形中分别插入"图片 7""图片 8""图片 9""图片 10"。

④ 绘制 4 个小的圆角矩形，设置无填充颜色，轮廓颜色为"白色"，线型为"3 磅"。

⑤ 在 4 个小的圆角矩形中分别输入文字"戴口罩""勤洗手""一米线""不聚集"，设置字符格式为"微软雅黑、28"，字体颜色为"黑色"。

⑥ 绘制圆角矩形，设置填充颜色为"浅蓝色"；输入文字"防疫四件套"，设置字符格式为"微软雅黑、28"，字体颜色为"白色"。

⑦ 设置动画效果。将标题"防疫四件套"下方的所有图形、图片、文字一起选中，然

后右击，在弹出的快捷菜单中选择"组合"选项。将该组合动画效果设置为"百叶窗，与上一动画同时，水平，非常快（0.5 秒）"。

完成第 8 张幻灯片，效果如图 3-8-16 所示。

图 3-8-16　第 8 张幻灯片效果

（9）编辑第 9 张环灯片。

复制第 1 张幻灯片，将文字改为"感谢观看！！"，完成第 9 张幻灯片，效果如图 3-8-17 所示。

图 3-8-17　第 9 张幻灯片效果

**4. 设置幻灯片放映效果**

（1）选中第 2、4、6、8 张幻灯片，单击"切换"选项卡，打开"切换"样式下拉菜单，选择"立方体"切换效果，然后单击"效果选项"按钮，在弹出的下拉菜单中选择"右侧进入"选项，并勾选"单击鼠标时换片"复选框，如图 3-8-18 所示。

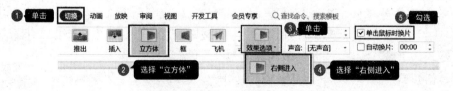

图 3-8-18　设置幻灯片切换效果

（2）单击"放映"选项卡，然后再单击"放映设置"右侧的下拉按钮，在弹出的下拉菜单中选择"手动放映"选项，如图 3-8-19 所示。

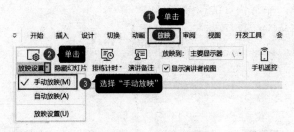

图 3-8-19　设置放映效果

## 四、实例效果

实例效果如图 3-8-20 所示。

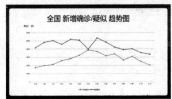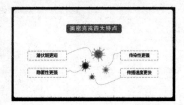

图 3-8-20　实例效果

## 五、实战模拟

跟着小君学习，大家对演示文稿的制作有没有更多的认识呢？下面我们一起来实战模拟练习。

**练 习**　制作一份"疫情个人防护知识"演示文稿

在疫情防控战役中，你我都是重要的战斗力。如何保护自己，远离传染呢？请你制作一份"疫情个人防护知识"演示文稿，制作效果如图 3-8-21 所示。

实战模拟
制作一份"疫情
个人防护知识"
演示文稿

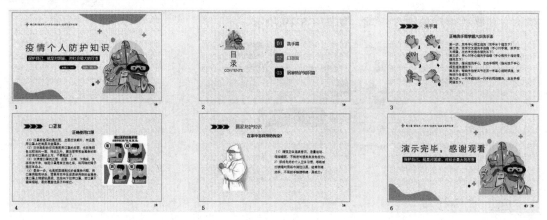

图 3-8-21　制作效果

**制作要求：**

（1）新建演示文稿。

新建演示文稿，保存为"疫情个人防护知识.pptx"。

（2）编辑幻灯片。

① 编辑第 1 张幻灯片。

a．插入"图片 1"和"图片 2"，调整至合适位置和大小。

b．输入标题"疫情个人防护知识"，设置字符格式为"微软雅黑、54"，字体颜色为"蓝色"。

c．绘制矩形，设置填充颜色为"蓝色"；输入文字"保护自己，就是对国家、对社会最大的尽责"，设置字符格式为"微软雅黑、24"，字体颜色为"白色"。

d．绘制两个圆角矩形，其中一个填充"蓝色"，输入文字"主讲人：××××"，设置字符格式为"宋体、14"，字体颜色为"白色"；另一个填充"青色"，输入文字"时间：×××.×××"，设置字体为"宋体、14"，字体颜色为"白色"。

e．插入文本框，输入文字"戴口罩/勤洗手/小举动/大防护/良好习惯不松懈"，设置字符格式为"微软雅黑、12"，字体颜色为"黑色"。

② 编辑第 2 张幻灯片。

a．绘制 3 个圆角矩形，分别填充"灰色-25%，背景 2，深色 50%"、"橙色，着色 4，深色 25%"和"钢蓝，着色 1，深色 25%"；在 3 个圆角矩形中分别输入文字"01""02""03"，设置字符格式为"微软雅黑、32"，字体颜色为"白色"。

b．插入"图片 2"，调整至合适大小和位置。

c．插入文本框，输入文字"目录""CONTENTS"，设置字符格式为"宋体、24"，字体颜色为"黑色"。输入文字"洗手篇""口罩篇""居家防护知识篇"，设置字符格式为"微软雅黑、26、加粗"，字体颜色和前面的矩形形状颜色一致。

（3）编辑第 3、4、5 张幻灯片。

a．绘制形状，用形状下的"燕尾形"绘制一个燕尾形，设置填充颜色为"矢车菊青，着色 1，深色 50%"。

b．分别插入"图片 3"～"图片 5"到第 3、4、5 张幻灯片中。

c．插入文本框，输入文字，设置字体为"微软雅黑"，字体颜色为"蓝色"，大小根据内容做适当调整。

d．编辑第 6 张幻灯片。

复制第 1 张幻灯片，更改文字。

（3）修饰幻灯片。

① 设置合适的动画效果。

a．将第 1 张幻灯片的标题"疫情个人防护知识"的动画效果设置为"劈裂，在上一动画之后，左右向中央收缩，非常快（0.5 秒）"。

b．将第 2 张幻灯片的 3 个圆角矩形和文字"01""02""03"的动画效果设置为"渐变式缩放，在上一动画之后，非常快（0.5 秒）"；文字"洗手篇"、"口罩篇"和"居家防护知识篇"的动画效果设置为"飞入，自左侧，非常快（0.5 秒）"。

② 设置合适的切换效果。

a．设置第 1 张和第 6 张幻灯片的切换效果为"形状，扇形展开"。

b．设置第 2 张幻灯片的切换效果为"立方体，右侧进入"。

c．设置第 3 张幻灯片的切换效果为"棋盘，横向"。

d．设置第 4 张幻灯片的切换效果为"溶解"。

e．设置第 5 张幻灯片的切换效果为"轮辐，8 根"。

③ 设置合适的放映效果。

设置"手动放映"效果。

# 反侵权盗版声明

电子工业出版社依法对本作品享有专有出版权。任何未经权利人书面许可，复制、销售或通过信息网络传播本作品的行为；歪曲、篡改、剽窃本作品的行为，均违反《中华人民共和国著作权法》，其行为人应承担相应的民事责任和行政责任，构成犯罪的，将被依法追究刑事责任。

为了维护市场秩序，保护权利人的合法权益，我社将依法查处和打击侵权盗版的单位和个人。欢迎社会各界人士积极举报侵权盗版行为，本社将奖励举报有功人员，并保证举报人的信息不被泄露。

举报电话：（010）88254396；（010）88258888

传　　真：（010）88254397

E-mail：　dbqq@phei.com.cn

通信地址：北京市万寿路 173 信箱

　　　　　电子工业出版社总编办公室

邮　　编：100036